U0137489

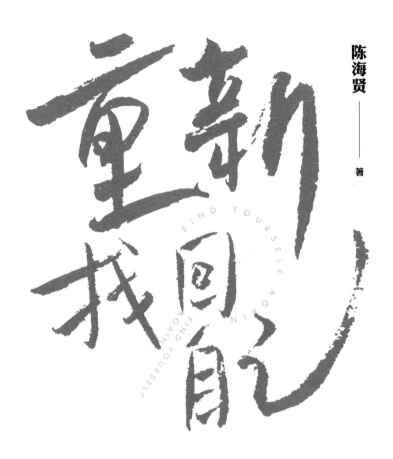

重新找回自己

FIND YOURSELF AGAIN

陈海贤 ——

著

湖南文艺出版社
HUNAN LITERATURE AND ART PUBLISHING HOUSE

博集天卷
CS-BOOKY

图书在版编目（CIP）数据

重新找回自己 / 陈海贤著 . —— 长沙 : 湖南文艺出版社，2024.1

ISBN 978-7-5726-1188-9

Ⅰ.①重… Ⅱ.①陈… Ⅲ.①幸福—通俗读物 Ⅳ.① B82-49

中国国家版本馆 CIP 数据核字（2023）第 086613 号

上架建议：畅销·心理学

CHONGXIN ZHAOHUI ZIJI

重新找回自己

著　　者：陈海贤
出 版 人：陈新文
责任编辑：刘雪琳
监　　制：于向勇
策划编辑：王远哲
文字编辑：赵　静　刘　盼
营销编辑：杜　莎　秋　天　时宇飞　黄璐璐
封面设计：末末美书
版式设计：李　洁　鹿　食
出　　版：湖南文艺出版社
　　　　　（长沙市雨花区东二环一段 508 号　邮编：410014）
网　　址：www.hnwy.net
印　　刷：北京嘉业印刷厂
经　　销：新华书店
开　　本：875 mm × 1230 mm　1/32
字　　数：246 千字
印　　张：11
版　　次：2024 年 1 月第 1 版
印　　次：2024 年 1 月第 1 次印刷
书　　号：ISBN 978-7-5726-1188-9
定　　价：69.00 元

若有质量问题，请致电质量监督电话：010-59096394
团购电话：010-59320018

自序
重新找回自己

我有很多朋友。他们的主要"用途"，是作为我的写作素材，来说明各种道理。

比如，我有一个朋友，他是业界著名的专家。他开设了一门课，有很多用户，很多同学把他的课件打印出来，作为参考教材。他去很多地方讲课，做咨询，都会被问道："你的书什么时候出？"

按理说，他已经有了很多的素材和专业基础，要出一本书一点都不难。他也曾这么想。可是几年过去了，这本书还没有面世。

其实，书早已写得差不多了，只是写到最后一章的时候，他忽然就没有动力继续往下写了。他开始到处游荡，一边为自己制造拖延的理由，一边分析自己拖延的原因。

原因不难分析出来。他是一个对自己要求极高的人。反映在书上，这种高要求就变成了很难达到的高标准。他总想写一本书，能够真正代表他自己。以这种高标准看，他越看自己的书越不顺眼。其中不顺眼的一点，是他去讲课和做咨询时，常常会很犀利。在那些场合，他需要用尖锐的逻辑去刺破问题的本质，用尖锐的言辞来引发大家思考。可是言辞变成一本书时，这种尖锐就变成了高高在上的说理。他很难接受这样的自己。

他觉得是自恋导致了拖延，问我有什么克服自恋的办法。

我想了想说：

"你不可能写出一本能真正代表你的书。这本书不能，别的书也不能。不管你写的书有多好，它都只是局部的、片面的、静止的，而你的自我却在不停地发展。怎么能用一杯水，去代表一条奔腾不息的河呢？"

"至于你不喜欢自己高高在上的样子，"我说，"这不是自恋，这是很好的反省。你应该专门设一章，把你自己的这种反省写进书里。你可以这么告诉读者：如果你不喜欢我的书，那没什么了不起，因为我自己也不喜欢！而且我还能比你们批评得更专业！"

这位朋友听了频频点头，觉得很有启发。

我没跟他说的是，我也有一本书从签订合同决定重版，到真的面世，已经有两年多了。重新修订花了一年，修订完想题目又想了一年。最后只剩自序了，写自序又花了两个月。我也没告诉他"你们不喜欢我有什么了不起，我有时候也不喜欢我自己"，这句话不是我临时想出来的，是我经常用来安慰我自己的话。

时至今日，我也不知道我的话对他是否真的有启发——反正我还没见他的书面世。但我的话，对我自己倒是很有启发。这次谈话以后，我就开始完成这本拖了两年还没完成的书——也就是你面前的这一本；开始动手写那篇拖延了两个月还没动手写的序——也就是你现在正在读的这篇序。

　　这本书的原版，是我的第一本书。它第一次出版，是在2017年。那时候它的名字叫《幸福课：不完美人生的解答书》，入选了豆瓣当年的高分图书榜单（社科·心理）。这几年，也有不少读者跟我说，这本书帮助他们度过了生命中艰难的阶段，并问我书什么时候重版。这是我愿意重版这本书的原因。

　　但如果你在进步，重读以前写的书，总会有些不好意思。就像一个已经长大的人看自己青春期的日记，除了为当时的血气方刚所感动，还会因其中的不成熟而羞愧。所以，我做了大量修订工作。除了文字的修正和素材的更换，我做的最重要的工作，是在每章最后增加了"多年后的回望"环节，写了我多年后重读这一章，对这一主题新的思考和感悟。这样，你不仅可以看到一个作者怎么吐槽自己的书，还可以从他的吐槽里一窥他这几年的思想变化。

　　当我透过这本书回望过去的自己，我告诉自己，不要要求完美，无论对你自己还是对一本书——尤其这还是一本教读者"如何接纳不完美"的书。我看到了很多真诚，也看到很多生涩。对于生涩的部分，我劝自己说："不要羞愧，接受它，这是成长的印记。"

　　另外，趁着重版，我把书名也改了。新书名叫《重新找回自己》。之所以有这样的变化，也源于我最近几年的进步：我越来越懂得从自我发展的进程来理解幸福。如果说，生活在永恒的"自我和现实的矛盾"中的我们，会有那么一些间隙超越了这种矛盾，变得更接纳自己，活得更真实，更能投入于工作和关系，而我们把这些珍贵的间隙叫作"幸福"的话，我们也应该清醒地意识到，这些间隙并不是生活的全部。新的矛盾和失衡很快又会到来。正如佛家所言，众生皆苦。人的成长是包含很多痛苦、挫折、挣扎和领悟的，和这些重要的人生经验相比，"幸福"这个词显得太过轻巧和片面，没有办法概括自我发展的全貌。

那什么词能更好地概括呢？看起来，这本书讲了很多不同的成长主题：成长型思维、理想和现实的矛盾、匮乏和不安、关系中的独立和边界、接纳与改变、结束与开始……其实，这些主题都可以归为同一个主题：人的自我寻找。

人很容易迷失自我，尤其是当现实并不如意时。就好像，你心里有一个想成为的自己，而现实或关系逼着你接受另一个自己。尤其是当变动来临时，如果不接受这个现实，你会一直挣扎、痛苦；如果接受了这个现实，你又会忘了自己是谁。在童话故事里，迷失的主人公会走进黑森林，去重新寻找自己是谁的答案。而你也会走进你的黑森林，去寻找你是谁。

本书所讲的，就是这个艰难的寻找自我的过程。是讲这个寻找自我的过程中，会遇到什么样的困境，你又该如何为自己找到一条可能的出路。

而当你终于找到那个新的自我时，也许你会发现，你认得他！他就是你原来的样子。那个还没有因为受伤而害怕，能够投入做事，也愿意接近他人，还会天真地打量世界，跃跃欲试地想要开始冒险的少年；那个怀着初心，还没有背负那么多别人的目光的自己。

原来，寻找自我的终点，就是它的起点。

希望你能喜欢这本书。祝你重新找回自我。

目　录

第一章　假想的自我与真实的成长

1. 你有没有这样的"名校学生病" / 003

2. 假想的自我 / 007

3. 成长型思维和僵固型思维 / 011

4. 进入真实的世界 / 017

5. 突破自己身上的壳 / 022

6. 把握关系以外的内容 / 025

7. 思考"怎么做"而不是"是什么" / 028

8. 这件事"与我有关" / 030

9. "是什么"与"怎么办" / 033

10. 自我和成长的隐喻 / 037

◎**思考与实践** / 042

◎**多年后的回望** / 046

第二章

更大的世界和眼前的生活

1. 遥远的梦想和眼前的生活 / 053

2. 远方是"病"也是"药" / 059

3. 琐事的意义 / 064

4. 从眼前的生活到更大的世界 / 070

5. 我想去远方，把人生格盘重来 / 076

◎ 思考与实践 / 082

◎ 多年后的回望 / 085

第三章

理想与平庸

1. 接受平庸的那一刻 / 091

2. 你可以尝试先做一个"废物" / 094

3. 当"理想"照进现实 / 099

4. 你是在努力，还是在模仿努力 / 108

5. 你爱的是兴趣，还是兴趣背后的成功？ / 114

◎ 思考与实践 / 119

◎ 多年后的回望 / 124

第四章 匮乏与不安

1. 你究竟是缺钱还是缺安全感 / 131

2. 时间的匮乏和计划 / 134

3. 爱的匮乏和孤独 / 136

4. 因为匮乏，所以逃离 / 138

5. 纠结与匮乏 / 140

6. 怎么摆脱穷人思维？ / 146

◎思考与实践 / 153

◎多年后的回望 / 157

第五章 爱与孤独

1. 如何面对不完美的父母 / 163

2. 我们和原生家庭 / 168

3. 独立不是请客吃饭 / 173

4. 成为自己的教养者 / 177

5. 我不想跟我妈妈一样 / 181

6. 看不见的忠诚 / 186

7. 孤独和边界 / 191

◎思考与实践 / 197

◎多年后的回望 / 201

第六章 拖延还是不拖延

1. 作为心理问题的拖延症与作为社会现象的拖延症 / 205

2. 拖延症与自我期待 / 209

3. 拖延症的原因 / 212

4. 自我谴责和自我谅解 / 221

5. 与自己谈判 / 223

6. 一个故事 / 225

◎思考与实践 / 227

◎多年后的回望 / 232

第七章 空虚和意义感

1. 没有感觉症 / 243

2. 不想爱，太麻烦 / 248

3. 每天劝自己好好活着 / 254

4. 人生意义 / 260

◎思考与实践 / 264

◎多年后的回望 / 267

第八章 接纳与改变

1. 是"生活有问题"还是"生活不如意"？ / 275

2. "放弃治疗"与"自我接纳" / 280

3. "放弃治疗"为什么这么难？ / 282

4. 我还能变好吗？ / 287

5. 死去与重生 / 292

◎思考与实践 / 299

◎多年后的回望 / 303

第九章 结束与开始

1. 结束为什么这么难 / 309

2. 无论多老，做一个两眼有光的人 / 314

3. 成为自己意味着什么 / 322

◎思考与实践 / 330

◎多年后的回望 / 334

第一章

假想的自我
与真实的成长

FIND YOURSELF AGAIN

FIND AGAIN YOURSELF

流水不腐，户枢不蠹。

——《吕氏春秋》

我非理想中的我，我非将来的我，我亦非过去的我。

——埃里克·埃里克森

1. 你有没有这样的"名校学生病"

在学校工作期间，我曾遇到一个来访者。最开始听她讲述，我还以为她是一个经常挂科的差生。比如，她会说："我英语成绩不好，听力特别差，去年考托福，我差点就不准备考了。"她说："我的学习效率特别低，经常需要花比别人多的时间，才能做成同样的事。"她还说："我觉得自己没主见，缺乏领导力，凡事都听别人的，特别羡慕那些一呼百应的同学。"

事实是，她的托福考了108分。她刚作为交换生到斯坦福大学学习了半年。她的成绩在学院里稳进前十。有一门很难考的课，她甚至考了99分。而且，从小学到大学，她一直都是班长。

当然会有很多人叫她学霸，夸她很厉害。她觉得，这些人只是不了解她，如果了解了，就会知道，她有很多地方不如人。

比如有一件事，就成了麻烦。都大三了，她居然还没有人追。

她的相貌不错，就算不是最漂亮的，也绝归不到难看那一类。身边很多人觉得，这可能是因为她成绩太好了，男生追她会有压力。再说，大三没男友的也多的是。但是她觉得，那是因为她魅力不够，太胖了。

她不算胖，顶多不是时装模特那样骨瘦如柴。但她不能容忍自己居然有这样的缺陷。

于是她开始节食。这不是一个正式的决定，而是一种不知从什么时候开始，自然而然形成的习惯。她早饭会喝一小碗粥，吃一个鸡蛋，但会把蛋黄挑出来，吃一个包子，但会把馅去掉。午饭有时候吃一个苹果，有时候吃一两米饭。晚饭再喝点粥。

一段时间过后，她瘦了20斤。医生说她这样下去要营养不良了。她也害怕，可是停不下来。

她说："老师你不知道，我对身体的态度是这样的——我在努力压榨身体的一点一滴，每当多吃一口饭，我就会有很深的罪恶感。我觉得我没有尽力。就像现在，我压榨每一分钟时间，每当空闲下来，我就会觉得我没有尽力。就像当年高考，我在努力压榨每一道题、每一分，如果某个题目丢分了，我就会觉得我没有尽力，对不起父母。所以当我知道自己只考上浙大（浙江大学）的时候，我伤心地哭了。"

最后她说："其实你不知道，我身边有很多浙大的同学都这样。"

在浙大工作期间，我经常会被这些优秀学生突如其来的挫败感惊到。"高考失败，来到浙大"，最初是我的朋友在回顾他所经历的人生挫折时说的，后来这句话被简化为"考败来浙"，在浙大学生中流传。我一直以为这是自嘲的话——有那么多优秀的学生，以能考上浙大为荣呢！但后来我发现，他居然是认真的。而这种挫败感在校园里如此普遍，你能从很多人身上感受到。

如果把这种挫败感归纳成一种"病"，一个典型的患者大概就是下面这样的。

他通常有非常严格的父母。父母曾用挑剔的眼光看他，嘴里还不停念叨别人家的孩子。小时候，无论他怎么努力，都很难赢得他们的赞许。等他考上了大学，遇到了挫折，倍感压力了，他们又摇身一变，从魔鬼教练变成了鸡汤专家，变得无欲无求了——"只要你幸福快乐就好"。但这时候，他已经刹不住车了。

他通常来自一个以严苛出名的好高中。这个学校是市里、省里甚至全国的翘楚。氛围必须是军事化管理。学校必须有形形色色的火箭班、竞赛班、天才班。学生和老师永远都只关心一件事：成绩。成绩把学生分成了不同的等级。学生和学生、学生和老师在交往时，都默默遵守这种等级划分。在这样的体系下，评价压力无时不在。成绩上升的学生担心成绩会下来，成绩下来的学生，会被失败的恐惧和羞耻感淹没。

他一定会有一个很好的同学，不是在清华就是在北大。这个同学不是出国交流，就是发表了很牛的论文，或者在做一些有趣又出彩的事。总之，这个同学的存在，就是为了提醒他，他还不够优秀。如果这个又牛又好的同学没在清华，也没在北大，恰好就睡在他隔壁床铺，那他的日子就更难过了。

他的专业总让他纠结。通常他不喜欢自己的专业。而别的同学的专业看起来又轻松、又有趣，还很有前途。如果他碰巧喜欢自己的专业，那接下来的问题就是，这个专业在学校正好弱爆了，或者他所在的实验室、指导他的老师正好弱爆了。

如果有机会，他会选择金融专业或者其他就业前景好的专业。不是因为他喜欢，而是因为这样的选择最安全，不需要他冒风险考虑自己真正想要的是什么。

他很努力，但如果问他有什么远大志向，有时候他会说："我其实只想做个普通人。"他的头脑中偶尔会掠过这样的想法：去当一个安静的图书管理员，或者到街角开个文艺点的咖啡店。但如果真让他无所事事一会儿，哪怕几分钟，他就会被"变平庸"的恐惧和焦虑折磨。

他没什么耐心，急不可耐地想要成功，急不可耐地想要成长，遇到问题，也急不可耐地想要解决。

他习惯了站在单一的评价标准下排队，等着被选中和评判。他做了很多努力，却很少享受成功的喜悦，有的只是对失败的恐惧。他害怕落后，害怕被瞧不起。如果做成了一件在别人眼里很了不起的事，他会说那只是碰巧，运气好。

哪怕在心理问题上，他也从不让自己落下。他认同提升心理素质是非常重要的事。他也觉得自己有问题，需要改变和"治疗"。他最关心的问题是，"我怎么才能克服拖延症，怎么才能变得专注和高效";其次是,"我怎么才能更自信"。最终的目标是,"我怎么才能像谁谁谁一样好"。

他是天之骄子,无论学业还是其他方面,在别人看来,都算成功了。但他离幸福其实挺远的。

这些名校学生,会一届届地毕业,走上社会,慢慢成为社会中坚。攀比的标准,会从"学习成绩"变成从什么样的学校毕业,在什么公司工作,赚多少钱,住多大房子,有没有结婚,娶什么样的老婆,孩子上什么样的幼儿园、小学、中学、大学……攀比的对象,会从周围的同学变成同事,可那种焦虑和挫折感却总是挥之不去。他们总觉得,自己的人生哪里不对,也经常想,也许某天当上CEO,迎娶"白富美",成了人生赢家,幸福就来了。可他们想要的幸福,却迟迟不来。

2. 假想的自我

感到安全时,人天生就有探索世界、接受挑战的冲动,这是我们做事的内在动机。而一旦我们缺乏安全感,这种内在动机很容易被破坏。

我女儿1岁多的时候,我们为她买了个玩具。这个玩具需要她把大小不同的圆柱塞回架子上大小不一的孔里,她把它叫作

"让圆柱宝宝回家"。那时候她协调性不好，很难把几个小的圆柱塞回去，她就一遍遍地试，还不许我帮忙。终于把所有圆柱都放回圆柱孔了，她会得意地自言自语："再来一遍吧！"

现在，假设这不是一个游戏，而是某种考试。为了让女儿做得更好，我经常跟她说以下这些话，这会对她有什么样的影响？

（1）如果她做得不好，我不断地批评她："连这么点事都做不好，你真是太笨了。"

（2）如果她做得很好，我不断地表扬她："你是个天才，你比谁都聪明，将来肯定有大出息。"

（3）我告诉她："我们家很穷，宝宝，你的奶粉钱都需要你通过玩这个玩具来挣。"

（4）我告诉她："女儿你好好做，这件事关系到你将来能不能上重点小学，会不会有出息。"

（5）我跟她说："你比隔壁的思思做得好，但是比王老师家的女儿想想还差挺远，要知道她还比你小两个月。"

…………

这样的事当然不会发生。但我们对这些关系里的评价性话语却不陌生，它们实实在在出现在我们的成长经历中，把一个人享受挑战的快乐，变成了与人比较中落败的恐惧，变成如果我不够好，我会不会被接纳的疑虑，把我们从荒野上撒腿狂奔的动物变成了赛道上规规矩矩的选手。

无论批评还是表扬，社会评价很容易带来不安，让人陷入防御心态和过度的自我关注。受害的，不仅是那些在比较中被认为

"技不如人"的孩子，还有那些被拿来当作标杆的"别人家的孩子"。这些比较并不会让他们相信"我很优秀"，却会让他们相信"我必须很优秀，否则就会像隔壁那个耷拉着脑袋、不如我的孩子一样"。这些孩子会比别人更焦虑，通常也更努力，但好像更不自信。他们对必经的挫折缺乏准备，也更难从挫折中复原。

我曾遇到一个学生，是文科生，学校要求他们修"微积分"这种高难度的数学课。他学了一段时间，彻底放弃了。虽然他有勉强及格的能力，但两次考试，他都弃考了。他宁可延期毕业，也不想开口向老师、同学求助。延期以后，他每天待在自己的房间里，不到万不得已不出门，就算出门，也会给自己戴上个冷冷的、没有表情的"面具"，小心地四处张望，避免跟以前的同学碰上。

他是典型的"别人家的孩子"。从小懂事听话，成绩出众，是县里的高考状元。校长觉得脸上有光，把他的相片挂在了学校的荣誉墙上——那里有一堆校史上出众的学生的照片。我问他当时的感受，他说很惶恐，像是收了人钱，如果交不出货，就会亏欠别人。

这种惶恐感是"别人家的孩子"共有的，因为他们拥有一个共同的秘密：也许，我并没有别人看起来那么好。

一些心理学家，像卡尔·霍尼或卡尔·罗杰斯，都曾提出这样的理论：

当儿童担心自己不被父母或他人认可时，他们会产生强烈的焦虑和不安。于是，他们会在幻想中创造出一个他们认为的、父母喜爱的"自我"，来缓解这种焦虑。

这个假想的自我通常都是完美的。聪明、美丽、优秀，毫无瑕疵。人们需要扮演这个幻想的自我来赢得他人的爱。他们用这个幻想的自我来对照现实的自我时，会觉得自己像个冒牌货。他们努力维持幻想中的形象，害怕别人看到幻想背后真实的自己。

有时候，这会把他们推向一种奇怪的境地。这跟优秀不优秀无关，而跟这种冒牌感有关。他们中的有些人，在别人看来，确实已经足够优秀了。但他们觉得自己不够好，所以要"假装"自己"很优秀"。别人赞扬他们，并不会增加他们的信心，只会让他们更心虚。他们觉得赞扬的是那个假装的自己——正是因为他们把真实的自己隐藏得很好，才会得到这些夸奖。

于是，一个本来就很优秀的人提心吊胆地假装自己很优秀，并把所有优秀的证据归于自己的"假装"，这真是一个残酷的玩笑。

他们经常陷入一种防御的心态，像个篡位的皇上，担心自己的政权不稳，因此无心建设，随时保持警惕。

他们在防御什么呢？他们在防御的，就是一些基本的信念：我究竟能不能干？值不值得被爱？会不会被别人尊重和接纳？如果他们看到我的本来面目？

我觉得，在心理结构中，自我像是一个维修包。当一切运转良好时，我们会把生命能量投射到与外部世界的互动中。世界向我们提问，我们努力解答。自我也在与世界的互动中逐渐变得丰富起来。但是如果我们感到不安，就会把注意力投射到自我本身，就像打开维修包里的探测器，去探索和发现自己的问题。

我是一个什么样的人？

别人会怎么看我？

我这么做是对还是错？

…………

当我们把注意力放到自我修正上时，自我的发展因为缺乏与真实世界的互动而逐渐停滞了。越停滞，我们越想修正自我，越容易变得以自我为中心。这种对自我的过度关注，有时候也是为了回避现实世界的挑战。这形成了恶性循环。

不安全感也是一种动力。我们会通过克服这种不安全感来不断获得自我提升。但它和自发的、通过挑战获得成就感的动力并不相同。很多心理学家以不同的术语区分了这两种动力：追求成功的动机和避免失败的动机（约翰·阿特金森）、指向成长的动机和满足匮乏的动机（亚伯拉罕·马斯洛）……斯坦福大学心理学教授卡罗尔·德韦克认为，这两种动力背后，是两种不同的心智模式：成长型思维和僵固型思维。

3. 成长型思维和僵固型思维

你认为人的能力是固定不变的，还是不断成长的？

在卡罗尔·德韦克看来，这不是一个一般的问题。这个问题的答案对应着两种不同的心智模式：成长型思维和僵固型思维。

一个秉持成长型思维的人，会认为人的能力是不断成长的，并把注意力集中在能力成长上；而一个陷入僵固型思维的人，会认为人的能力是固定的，并把注意力集中在"证明自己行还是不行"上。

关于能力的隐含信念决定着我们会如何看待挑战、失败、努力、批评……进而影响我们的生活、事业和幸福。

陷入僵固型思维的人，会把挑战看作"证明自己可能不行"的风险，因而回避挑战；而秉持成长型思维的人，会把挑战看作能力成长的机会，因而迎接挑战。

陷入僵固型思维的人，会认为努力是一件可耻的事，越需要努力，越说明能力不足，所以就算努力，他们也会偷偷努力；而秉持成长型思维的人，却把努力看作激发人能力的必要手段，并以努力为荣。

陷入僵固型思维的人，会把批评当作对他本人的负面评价；而秉持成长型思维的人，更容易把批评当作帮助自己改进的反馈，虽然他（她）在面对批评时同样会感到难受。

陷入僵固型思维的人，会把他人的成功看作自己的失败，因为别人做到了而自己没做到；而秉持成长型思维的人，却更愿意从他人的成功中吸取经验，甚至还会因为他人的成功而备受鼓舞，觉得自己也能做到。（图1）

仔细思索，你会发现成长型思维的底层是自我的安全感。这种安全感的存在不是因为"我是一个什么样的人"，而是因为

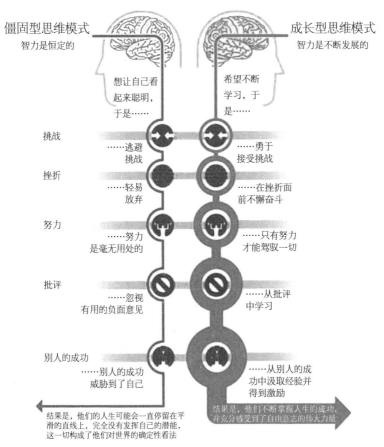

图1 摘自卡罗尔·德韦克《看见成长的自己》，中信出版社，2011

"我有很多可能性"。拥有这种安全感的人，不需要保护某种特定的自我观念，也不需要过度的自我关注。他们突破了自我中心的束缚，转而从成长和发展的角度看问题。在这种视角下，"自我"并不是一种固定的状态，而是一个不断创造和形成自身的过程，通过进入真实世界，通过与世界和他人互动，也通过接受挑战。从发展的角度看，自我是在应对现实的挑战中不断发生改变的过程。而这个挑战的反面，就是让我们停滞不前，困于自我的挫败感。

我曾问读者两个问题（也想问正在阅读本书的你）：

"你曾遇到什么事，当时你觉得做不到，最后却做到了？"

"和三年前的你相比，你觉得自己最大的进步是什么？"

很多朋友写下了他们自己的故事：

我第一年做ERP^①咨询顾问时，第一是因为经验不足，业务不熟练，所以逻辑推断能力也受限；第二是不知道运气好还是不好，各种千奇百怪的bug^②一定会被我碰上。事情多，而且必须解决，一年的时间里我基本都在一边否定自己，一边鼓励自己：菜鸟就一定要努力！很多时候精神百倍地工作，加班到晚上10点左右回家，睡前哭一会儿，第二天继续。

第二年，我就可以不太流畅但是基本顺利地处理问题了。到一年半的时候，我突然发现自己的基本功和跨模块业务比身边的资深顾问还要好了，因为我用心了。

现在不做ERP了，但是那时候学会的自信、解决问题的能力和方法，让我受益终身，而且当我回想黑暗的第一年时，发现自己真的没有那么糟糕。

---

① Enterprise Resource Planning的缩写，中文译作"企业资源计划"。——编者注（以下所注均为编者注）

② 暗藏的、很麻烦的、需要解决的问题。

研三时，导师让我投一篇影响因子比较高的英文论文。我没有经验，觉得自己的学术能力和能投入的时间不足，因此并不觉得自己能做成这件事。但一方面导师的要求不好回绝，另一方面觉得一次英文投稿也是难得的经历，于是就着手去做了。

在这种心态下，我对结果并没感到很大压力，只是比同学们投入了更多时间，按部就班地进行着。其间各种波折，加上毕业论文和工作的压力，真是让人非常辛苦。有时想到自己比别人付出这么多，还不一定能有成果，心里还是有点憋屈。但再一想，不做这事一定不成，做了还有希望，既然已经开始，就不想别的，好好尽力吧。

经历三次修改，论文终于被接收了。这期间我也找了工作，去实习，完成了毕业论文，什么事也没耽误。如果当初不做这件事，时间可能也就这么过去了，因为写这篇论文，我利用时间的能力和应对焦虑的能力都提升了。现在想来，觉得做这件事还是很值得的。

三年前，我还是一个非常在意别人的看法、非常敏感的人，会为了别人的一句话、一个动作甚至一个眼神而久久介怀。这样的性格给我带来了很大的痛苦。在这三年中，我接触了正念、森田疗法、认知行为等各种心理学知识，也接受过心理咨询师的帮助，一点一点发生着改变。现在的我，乐观、勇敢、坚韧，知道了自己的优点和不足，能更好地接纳自己，也不过分在意别人的看法了。这是我三年来最大的进步。未来三年，希望自己可以继续进步，更好地理解自己的情绪，也能让内心的小孩更好地长大。

这些读者的经历，清晰地勾勒出自我成长和变化的轨迹。回顾这些成长的经历，能让我们看到人的能力是不断成长的，也能让我们在面对挑战时提醒自己：也许我现在的担心和当初的担心并没有不同，而我当初却做成了那件被认为很难的事。

这个过程并不容易。成长出新的自我，从来就没有容易过。

成长究竟是怎么发生的？从微观层面看，人的大脑由各种各样的神经元组成。这些神经元的联结方式构成了我们储存和加工信息的能力。未知的挑战一方面让我们焦虑，另一方面也在不断训练我们的大脑。挑战越多，大脑就会变得越复杂，相应地，人的能力也会不断成长。

从宏观层面看，人的能力是通过与环境的互动增长起来的。我们与环境的互动越多，获得反馈的机会就越多，我们的能力增长就越快。

这正像精益创业的思路：一个创业者需要快速形成一个产品的DEMO^①，通过市场检验获得反馈，快速迭代产品，产品才会越变越好。假如创业者也陷入僵固型思维，害怕面对市场的批评，只愿意把产品停留在幻想中，他就会失去很多有益的反馈。只有进入实践领域，我们才能不断积累真实的经验，人的心智

①　具有示范或展示功能及意味的事物。

才能不断获得成长。而要进入这种成长的循环，需要做到以下四点：

（1）进入真实世界。

（2）突破自己身上的壳。

（3）把握关系以外的内容。

（4）思考"怎么做"，而不是"是什么"。

4. 进入真实的世界

你头脑中的世界和真实的世界之间存在着巨大的鸿沟，需要你用实践去弥补。你的思考和行动之间也存在着巨大的鸿沟，阻碍你把我说的这个简单的道理，变成你进行实践的指导。思考有时候是一种逃避，对进入真实世界去体验痛苦和快乐的逃避。

我知道这件事，是因为有段时间我在心理咨询的专业上遇到了瓶颈。具体来说，就是咨询变得很平，很难带来访者去更深的地方，接触内心更深的情感和体验。于是，我就去找我的老师督导。

我说："最近我一直在看书、整理笔记，想让自己咨询的思路更清晰一点，可是好像效果有限。"

谁知老师却说："也许这就是你的问题。你总是想靠自己的思考来寻找答案，其实答案不在你的头脑里。"

如果答案不在我的头脑里，那它会在哪里呢？

我反复琢磨老师的话，后来我想到了。答案可能在关系里。我所学的咨询，是一个很注重关系的流派，所以老师说答案不在你的头脑里，那一定在人与人之间的关系里。我很相信关系对人的塑造和影响。我自己就有很多这样的经验：一个人的时候，觉得自己一无是处。等真的跟人互动了，头脑中很多机灵的反应就来了，这时候人反而会长出一些精气神来。

既然答案是在关系里，那我就应该去跟人聊天。所以在那段时间，我真的见了好多人，也从别人的经验和与别人的关系里，得到很多启发。

既然答案不在我的头脑里，我也不用去猜了。所以那段时间让我还学会了一件事。当我遇到来访者做出一个让我困惑的反应时，以前我总是猜测，而这些猜测没办法得到完全的验证；现在，如果我不明白，我会直接问。这有时候让我看起来没那么聪明，但来访者给了我很多出乎意料的答案，这是我无论如何靠自己的思考都想不到的。

后来我又碰到了我的老师，我就跟她说起我对"答案不在我的头脑里"的理解。谁知道她笑笑说："既然你知道答案不在你的头脑里，那你为什么不问我这句话是什么意思？你啊，还是习惯从自己的头脑里找答案。"

"不是答案在关系里的意思吗？"

她说："有一部分是，但并不全是。为什么我跟你说如何提升咨询水平这件事的答案不能从头脑里找呢？因为心理咨询是一门熟能生巧的手艺，它需要你在当前的情境下很快做出反应。能做出这样的反应，就不只是需要在头脑中思考，更需要很多刻意练习。很多时候，思考可以提供练习的方向，但不能代替练习本身。只有通过有方向的练习和反馈，你的思考才能深化，你的技能才会不断成熟。你的问题是，想得太多，而练得太少。"

原来如此！跟艰苦的刻意练习相比，我还是给自己找了一个相对容易的答案。

不过幸亏我的想法也没有太偏。因为无论是与他人建立关系还是刻意练习，本质都是跟外界的一种互动。有时候我们之所以不敢去问别人的意见，或者不愿意去专注练习，是因为这种互动需要我们去面对未知的外部世界，而从头脑中找答案则要容易很多。你甚至还可以告诉自己："在行动之前，我得让自己想得更清楚。"

这让我想起一个笑话。有个醉汉围着一个路灯兜兜转转找东西。有个好心人上去问他丢了什么，他说丢了钥匙。好心人就陪着他一起找。找了一会儿没找到，好心人就问他："你是在哪里丢的钥匙？"醉汉就指指旁边的公园。好心人哈哈大笑，说："在公园那边丢的，你怎么到这边找啊。"醉汉听了也哈哈大笑，说："难道你看不出来吗？这边比那边亮啊！"

很多时候，我们之所以从头脑中找答案，只是因为这里比较亮而已。这代表了一种特别朴素的自我中心主义。我们总以为，自己就有答案，只是因为自己这里比较亮而已。

从这个意义上说，智慧是技能练习的产物，它表现为卓越的想法，但这些想法本身却不是通过"想"得来的。

我最近遇到的一个小朋友，给了我类似的启发。这个小朋友一直在父母身边长大，属于父母保护得很好的孩子。本来她只想在自己生长的城市读大学，但机缘巧合，忽然有了一个去英国读书的机会。于是她就不停地想该怎么选择，在头脑中模拟各种情境，她想："我的英语不好，又没有独立生活的经验和能力，连在国内都照顾不了自己，更别提去英国了！"

她不断在头脑中模拟去英国的各种场景，从头脑中找到的答案是别去，一定适应不了。可是出于某些原因，她还是选择了去。去英国的前一晚，她一夜没睡，在酒店里不停地给父母打电话，哭着说不想去了。父母当然也很担心，但他们下不了让女儿回家的决心，只能不停地安慰她。等到第二天天亮，要登机了，机票也退不了了，她心一横："去吧！要完也完在那边了。"

结果到了英国，虽然她也遇到很多不便，但想象的困难也变得现实起来。打车啊，坐地铁啊，办各种手续啊，租房子啊，就算偶尔有失误，她也发现并不是毫无办法。慢慢地，她竟然开始适应起来。

现在这个朋友已经毕业回国。她说："从登上飞机的那一刻，我才真正开始长大。"

这是最简单不过的走出心理舒适区的经验。但对那些身处其中的人，走出头脑的避难所，走进现实的世界，仍然会有惊心动魄的一面。

后来给别人传授经验的时候，她就经常说："有些事想是想不明白的，你只有身处其中，才会发现自己的适应能力有多强。"

这事说起来简单，但又不太容易。难在我们的头脑虽然没有怎么做的答案，但它会记录疼痛的经验。所以当你去问它的时候，它经常用以前的疼痛经验提醒你，甚至阻止你。为了避免这种疼痛，有时候人们宁可停留在想象中，哪怕有时候这种想象所造成的痛苦，已经超过了解决现实问题的痛苦。就像精神分析理论所说，神经质的本质，就是用头脑中"想的痛苦"，来逃避现实中"做的难题"。

我曾遇到过很多朋友，来问他们要不要换个工作，要不要辞职创业，要不要换个城市闯荡，或者要不要转行当心理咨询师……面对这些问题，我也会说："别想了。答案不在你的头脑里。你的头脑不会知道你接下来要遇到什么。这就像面对一个神秘的黑森林，有人说里面有宝藏，有人说里面有妖怪，你唯一能做的，就是看看武器和干粮有没有带，以及决定要不要进去。"

他们又问我："我也知道要先去做，可是我担心自己的能力不够怎么办？"

这时候我会回答说："你的能力不会够的。因为你的能力是要在这件事带给你的挑战中逐渐成长起来的。现在挑战还没来，你的能力还没长出来呢。能力从来不是判断你要不要做一件事的理由。不是等能力够了你再去做一件事，而是通过做这件事，让你的能力长起来。"

然后他们又问："虽然我也知道你说得对，我也想进去，可我心里还是害怕啊。"

于是我就说："这个世界上的很多事都有办法，只有'怕'没有办法。或者说，'怕'的办法就是'不怕'。如果你问我，'不怕'算什么办法呢？我就会问你，'怕'又算什么问题呢？"

我们总是习惯说"虽然我想……但是我怕……"这样的句式，却不知道当我们这样说的时候，已经把"怕"放到了一个要不要做这件事的决定性的位置。可是，为什么不能反过来说"虽然我怕……但是我想……"呢？

带着怕去试试，因为你想。这才是做事真正的逻辑啊。否则，我们永远都不会有机会，去看看外面有什么，而只是兜兜转转地在我们的头脑中寻找答案。

虽然你早就已经知道，答案不在你的头脑里。

5. 突破自己身上的壳

几乎每个人都有一种微妙的自我保护的本能。有时候它是我们对自己的一种看法，有时候只是一个简单的理由。而一旦它变成一种习惯，就会影响我们的表现。

很久以前看过一个心理学实验：为了研究标签和刻板印象对人的影响，斯坦福大学心理学家克劳德·斯蒂尔做了这样一个实验。他找来了一些数学能力上表现相当的男女，让他们做很难的数学测验，结果发现，女性的表现要比男性差。这个结果符合人们的刻板印象：女性在数学能力上比男性要差。为了消除这种刻板印象，他们在测验之前做了简单的提醒："这次测验不是考察男女在性别表现上的优劣。本测验跟性别没有任何关系。"然后进行同等难度的数学测验，就多这么一句简单的话，实验发现男女在数学能力上的差异就神奇地消失了。

一句简单的话如何影响信念？这种信念又如何影响表现？这个实验最有趣的，是对这个结果的解释。像做很多难事一样，在做数学难题时，人是会体会到很多挫折感的。这时候，你要么忍受这种挫折感，继续苦苦寻找答案，要么逃避这种挫折感。在选择苦苦坚持还是放弃的微妙时刻，头脑中的某个信念，会起决定性的作用。"我是女生，所以我不行"这个刻板印象，就成了人们逃避挫折感的理由。虽然本质上人们都不喜欢它，甚至觉得它是一种偏见，可是就在那微妙的一刻，人们却选择了拥抱它。

其实，这件事讲的远远不只刻板印象。在任何一个有压力的微妙时刻，我们都在寻找这样的理由。只不过有些时候我们意识到了，就能够做出调整；有时候我们没意识到，这些理由就会变成我们躲避挫折感的"壳"。

人会通过理由来躲避挫折感这件事，我是从自己学习咨询的历程中学到的。很长时间，我都在接受老师的督导。督导特别考验人的眼光，老师要从只言片语中，发现你思维的锚点。也因为那是只言片语，你总可以跟老师解释："我这么做有我的理由。"这些理由并不是反对她的意见，相反，它们要微妙得多。

记得有一次，我见了一个家庭。这个家庭的成员很多，每个人都在不停地说话，让我很难理出一个清晰的思路来（这是一个理由）。于是，我去找老师督导。老师看完这个家庭的材料后，就说："你总是听不到他们的话，而总是讲你自己想讲的话。所以你的回应就变得很随意，很散乱。"

因为老师是在小组里讲这些话，讲话的方式又那么严厉，所以我感觉到了一种压力。当然，我也知道，老师不希望我找理由，我也提醒自己，不要找理由。于是我想了想说："是的。因为这个家庭说的话很多，我被他们带偏了。"

这时候老师正色说："你要小心。我说的不是这个家庭，我说的是你。你这么说好像是因为这个家庭，你才听不到。听不到他人的话，不只是针对这个家庭，而是在很多地方你都会出现这种情况。这是你的模式，跟家庭无关。如果你不能改变你的模式，你就很难进步。"

我忽然意识到，哎呀，我又不自觉地为自己找了一个理由。我同时也意识到，为什么我需要一个理由。直面自己的问题所带来的挫折感实在太痛苦了，我想找个理由躲起来。

经过了很长一段时间，我才慢慢学会不去找理由。现在，我能放下自己，去听话语背后的思路，而不去管它是不是一个公允的评价。当我真的把它当作一种反馈而不是评价时，我就获得了一种自由，从挫折中解放出来，去享受成长的快乐和自由。

6. 把握关系以外的内容

有些反馈来自实践经验，有些反馈来自重要之人的批评。把批评当作反馈是很难的，尤其是当批评听上去不是那么动听的时候。怎样才能把批评当作反馈呢？这需要你去把握关系以外的内容。

我们的老师是一个很严格的人。她回应我们的话，一般都是从"不是"开始的。每个"不是"背后，都带有她的反馈。可是每次一开口就迎来"不是"，也会带来自我怀疑。老师功力极深，对家庭中的人有很深的理解和共情，所以他们很愿意在她面前袒露心迹。可是很多同学觉得，她并没有用同样的耐心对待学生。如果只看她对学生的指导，那简直就是市面上一些沟通教材的反面典型。她总是不留情面地指出学生存在的问题，并不给学生辩解的空间。

所以一次督导受挫后，小组的同学又开始议论起了老师的教学风格。他们在讨论什么样的教学风格最适合学生的成长，作为对比，他们还引入了一位很擅长鼓励学生的老师，说话让人如沐春风，觉得这样的风格才更益于学生成长。

我其实很理解老师的风格，也知道她对学生和家庭中的人都充满爱心。只是那是一种不一样的爱。简单地说，她觉得痛是一种好东西，能让人醒悟，能推动和促进人们的改变。可是在四平八稳的关系中，痛是很难的。她就选择了说直接的、引发我们不适甚至是羞愧的话，她希望通过批评，传递给我们这样的信念："你能做到的不止这些。"

而我们常常收到的信号却是："你连这么简单的事都做不好。"

如果她的话没有被防御的情感屏蔽，就会变成让人反省的当头一棒。唯一的问题是，要说出这些直指痛处的话，不仅需要敏锐的洞察，还需要你把自己放到一种有强度的关系里。就像力是相互作用的，老师对别人用了力，也会有相同的力反弹到她身上。

今天大家的议论，也属于反弹力的一种。不过虽然是议论，其实也是调侃，属于减压的一种方式。

不过，当大家询问我的看法时，我也毒舌了一下。我说："大家讨论老师的个人风格，其实是暗示批评或者表扬的风格，影响了我们的学习。可是会不会有另一种情况，学习心理咨询，尤其是要达到一定高度的话，本身就很难，如果没有足够的悟性和投入，就更难学会。而批评和表扬唯一的区别是，具有批评风格的老师告诉你你还没学会，而具有表扬风格的老师因为鼓励你，让你误以为你已经学会了。"

　　我顿了顿又说："在讨论批评和表扬的时候，我们都忘了一样最重要的东西，那就是批评和表扬的内容。毕竟所有的反馈，都是有内容的啊。相比于风格，反馈的内容是否合理，才是最重要的事。如果我们不去理解批评或者表扬的内容，不去讨论内容，而只是讨论形式，其实也就没有意义了。"

　　然后我问大家还记不记得老师说"不是"的时候，她说的到底是什么？结果大家都记不太清了。

　　这个讨论让我思考批评和反馈的区别。批评把重点指向了"关系"，而反馈把重点指向了"内容"。为什么大家会在意关系，而不那么在意内容呢？

　　我猜是因为，批评或者表扬，作为关系的一种，是直接作用在人身上的。它冲击最大，激发起的感受最直接。可是对内容的把握却不是情感反应，而是深思熟虑的学习；需要你靠近和把握一个独立于你之外的客观的内容；需要你不被感觉左右；需要你先把自己放下。在把握那些客观的内容的过程中，反馈对你起了作用，而你的自我也因此改变。

　　问题是，如果我们觉得在批评下的自我并不安全，就像保护一个怕被打碎的玻璃瓶，那我们怎么能够去把握反馈的内容呢？

　　对关系的反应是本能。脱离关系去把握内容，却需要训练。有时候，我们太容易对关系做出反应，而不愿意去听关系以外的内容。这背后，是我们保护自己，固执己见。可是，在现在这个时代，这种情况似乎变成了一种风气，越是感觉到自我的不安全，人们越是容易根据关系做出反应。任何话语都变成了支持或反对的证据，而话语对应的内容本身却变得不重要了。越是对关系敏感，我们越逃不开它，来自关系的负面信息，也越让我们痛苦。

可是，并不是所有的东西都跟关系有关。关系之外，还有其他内容。如果只有对关系的反应，所有看到的、听到的东西，都会被扭曲成关系里的含义，就好像他在宣扬其他观点，就是在否定我的观点，就是在批评我不好。这时候，你就会被困在关系里，看不到关系以外的内容。

所以把批评当作反馈的关键是什么？是我们要相信并且理解和把握，关系之外还有一些重要的内容。只有把自己从特定的关系中拔出来，你才会问自己："对，这是一个批评。可是他想告诉我的到底是什么？"而不是问："对，这是一个批评，他对我到底是什么态度？"

7. 思考"怎么做"而不是"是什么"

僵固型思维和成长型思维是两种不同的思维方式。它们指向了不同的用途。

想象一下，你参加了公司的升职面试。你获得这次机会是因为老板觉得你在过去的一年做得不错，而且你在这个部门已经待了好几年，应该获得这次机会。

你很期待这次升职机会。部门同事都觉得，你在过去一年工作得不错。你自己也觉得还行。虽然在面试的时候，你有些紧张，但整体发挥得不错。面试官大体肯定了你的能力，也提了一些不足之处。你觉得自己应该能获得晋升。

结果你落选了，你失望极了。你会怎么想这件事？

A：我真的已经很好了，落选只是意外。

B：我就是不够好，落选是应该的，是我高估了自己。

C：这个面试很不公平，不是老板对我有偏见，就是有内幕。

D：这次升职的机会很重要，我失去了一次这么重要的机会，真是太遗憾了，但以后还会有机会的。

E：看开点，这次升职没那么重要，工作也没那么重要。

F：生活就是这样，并不是总能一帆风顺。

你会怎么选择呢？

以上六个选项，代表了我们应对挫折和失望的六种方式。在这些选项里，A把落选的原因归为意外；B把落选的原因归为自己的能力不足；C把落选的原因归为老板的不公；D、E、F则各自找了一种说法，来安慰自己。

可是它们有一个共同点：它们是一种解释。而很少有人会问：接下来，我该怎么办？而后一个问题，才涉及对这件事情的处理。

你可以把以上的例子，改成任何一个让你受挫的情境。挫折让我们难受，我们需要时间和空间去处理自己的情绪。解释在某种程度上也是一种处理，但处理的不是事情，而是情绪。解释让情绪有了一个安放的空间。解释完以后，一些人会回过神来想该怎么办，另一些人则会一直停留在解释里，把解释变成了对自己或者事情的根深蒂固的判断，而无法迈出处理的这一步。这也是另一种形式的自我中心。

解释的重点是这件事"是什么"，而处理的重点是这件事"怎么办"。解释只需要在头脑中发生，而处理却需要你走进现实。有时候，太多的解释，其实是通过强调这件事有理由，来暗示你它不能改变，也不会改变。这时候，解释就变成了对处理的妨碍。从这个角度看，解释就是人最大的心理舒适区。作为理性的动物，我们太容易给自己一个解释，来告诉自己改变为什么很难，从而逃避改变的责任。

8. 这件事"与我有关"

如何承担起改变的责任？很重要的一点是，你需要意识到，这件事"与我有关"。

在讲成长型思维的时候，我们一直说，要突破各种形式的自我中心，不要把每件事都变得"与我有关"。可是进入实践的领域，你又需要把很多事变成"与我有关"。这是不是矛盾呢？

其实并不是。当我们说不要把所有的事都变得"与你有关"，是说不要把所有的事都变成关于你好或坏的个人评价。而当我们说有些事需要"与你有关"，是说只有意识到你是改变的主体，你才能发挥作用，改变才会真的开始。

"与我有关"是进入实践领域的入口。除非这件事变得"与我有关"，否则你就很难真的进入实践领域去改变它。

可是，"与我有关"是一把双刃剑。当这件事"与我有关"时，我们很容易想到"那是不是我的错"，从而忘了"与我有关"是一种无关对错，而只是寻找出路的思维方式。

正因为这件事"与我有关"，所以"我"才有机会去改变。

前段时间，我去一家公司做一个关于"改变"的工作坊。这个工作坊探讨的是如何在确定改变的目标后，识别和突破改变的阻力，帮助我们发现存在的哪些心理误区阻碍了改变的发生。有位男士分享了他的案例。他说："我的目标是希望把自己的工作做得更细致、更到位。"

可是在讲到是什么阻碍了他实现目标时，他并没有说自己，而是说："因为手下的员工都是新来的，他们缺少足够的经验。"

我问他："那你有没有想其他办法啊？"

他说："我想了啊，我们还从其他部门调来了人手。可是因为这些人都是帮忙的，就算工作做得不够细，我也没办法对他们严格要求。"

接着，他又说了很多工作难开展的理由。这些理由都解释了他为什么没办法改变。然后他问我该怎么办。

我想了想说："我知道你说的困难都是很客观的。可是，我也不知道该怎么办。我听你这么讲的时候，我自然的反应并不是思考怎么办，而是你在这么艰难的情况下，仍然能够维持现在的工作标准，真是太不容易了！"

大家都笑了。这位男士也笑了。他说："我也是真心想要找办法，可是想来想去，好像也确实没有什么好办法。"

我心里有些歉意。大家笑他的时候，可能以为我在揶揄他。其实我并没有。当我说他不容易的时候，我是真心的。只是因为这是一个学习"改变"的课堂，他所说的并非有关改变的话语，所以大家就忍不住笑他。甚至这位男士讲工作开展困难的用意，也并非跟改变无关，他只是想告诉我，"这些方面我都想过了，走不通"。

它让我理解了一件事，那就是解释的话语主要功用是"求安慰"，而处理需要的是"求改变"。

作为一个咨询师，我并不觉得"求改变"和"求安慰"有高下之分。实在改变不了，能有安慰也很好啊。可是我知道，我们用什么样的话语思考，就会获得什么样的反应。如果这位男士的目标是改变的话，他所用的话语，恰恰把他给限制住了。

"求安慰"的话语和"求改变"的话语有很多区别。求安慰的话语，更多阐释的是不能改变的理由。比如，求安慰的话语会更强调困难，而求改变的话语会更强调出路；求安慰的话语总是在陈述自己做不到的理由，好像是在说自己已经尽力了，而求改变的话语会寻找更多的可能性；二者最根本的区别是，求改变的话语能够绕开对错的既定反应，试着把这件事看作"与我有关"。

那怎么变成"与我有关"呢？

其实"与我有关"的意思，并不是说造成这些问题的原因在我，而是无论造成这些问题的原因是什么，问题总是需要我去处理的。既然是我去处理，那就"与我有关"。就像这位男士，他也可以想，"我还有什么求助的途径呢？""增加哪些投入，能够让我名正言顺地去要求那些人呢？""我要继续做什么，才能加深大家对工作标准的认识，达成共识呢？"

只有这样，他才能找到一些新的可能性。

9. "是什么"与"怎么办"

我们头脑中有很多关于世界或者关系该如何维持的假设，这些假设通常是理想化的模型。而现实世界总是会跟这个理想化的模型不符。问题不是这个理想化的模型对不对，而是当我们发现世界跟这个理想化的模型不符时，我们要怎么办。

我曾参加过一个情感类的节目，其中有一期讲失恋。很多人在节目里回忆自己的前任，反思自己在上段感情中的得与失。

其中有个姑娘说，她的前任平时对她很好，体贴得不行，但脾气很暴躁。两人经常情绪失控，什么难听的话都说，把彼此最不好的一面都勾出来了。最后一次，两人吵到报警了，男朋友还动了手。那次报警以后，她心里有了疙瘩，怎么也过不去了。后来分手还是男朋友提的。他知道她心里过不去，可是又舍不得他，狠不下这个心，就主动提出了分手，算是成全了她。这样的分手方式，也让她心里暗暗感激。

后来，她很快又找了一个新男朋友。然后她说："对我来说，忘记那个人需要两样东西，就是时间和新欢。我不知道自己是不是准备好了认真开始一段新感情。可能我只是想用新欢来帮我度过这一段时间，好让我习惯没有他的生活。"

她的这段话引起了很大的争议。当时主持人问我："陈老师，您怎么看这种用新欢来忘记旧爱，帮助自己度过失恋期的行为呢？"

我知道主持人的意思。她可能想让我说，这并不是好的爱情观，我们不该用新欢去治疗旧的情感伤痛。

不过我没这么说。我想了想说："我觉得，任何一段感情，都有它特别的开始。一见钟情是开始，两小无猜是开始，在失恋中认识新欢也是一种开始。感情是怎么开始的，并不能决定它会不会持久，是不是一段好的恋情。因为比开始更重要的，是两个人怎么维持和发展彼此的感情。我们都见过很多爱情故事，有完美的开始，但最后分手的；也见过很多爱情故事，是从失恋后找新欢开始，最后终成眷属的。"

主持人问："那您觉得他们那样的爱情就没问题吗？"

我说："那也不是。每一段感情都有它特别的开始，有两个人需要面对和克服的困难。这段感情的困难之处是女生还沉浸在失恋的伤痛和对前任的不舍中，这种伤痛也可能会影响她对现任的看法，把现任当作过客。

"这听起来是女生自己的困难之处。可是一旦两人在一起了，这也是两人的困难之处。你可以说他们的困难之处是女生没能处理好自己的感情，也可以说他们的困难之处是新欢还没找到办法给女生足够的安全感，让她忘记旧爱。

"如果两个人找到了克服困难的办法，这段恋情就会变成'开局曲折，但结局完美'的故事，前任会变成这段故事的注脚；如果没有找到，那两个人都会痛苦，也许会分手。可是，这种困难并不说明这段感情不好。"

我和主持人思考方式的差异，就是"爱情该怎么样"和"遇到这样的事该怎么处理"的差异。显然，后一种更有可能找到一个出路。

节目结束以后，主持人还特地跟我讨论了这个问题。她觉得我的想法很特别，总觉得哪里不对，可听起来又有些道理。

我知道她说的"不对"在哪里。我当然知道，如果这个女生的现任听到这段话，可能会觉得对自己不公平，被利用了。

可是然后呢？如果他们不是要分手，那么他们还是要面对怎么相处的问题，而怎么判断这段感情，就会变成他们的难题之一。

判断一段感情如何，在关系外的人和在关系里的人，其看法是不一样的。在关系外时，我们心里都会有很多道德准则，这构成了我们内心关于感情的"应该"。离这段关系越远，这种应该就越清晰和坚定。

可是真在一段关系里，你就知道，事情没那么简单。你要面对很多冲突，要在痛苦中整理自己的想法，并做出艰难的选择。这时候，我们心里预设的"应该、不应该"，不仅没什么用，有时候反而会妨碍我们处理彼此的关系。

我经常遇到伴侣出轨的来访者，这对他们来说是很大的伤痛。有些人会跟我说："我以前心里一直有一个观点：爱情就应该像一张白纸一样。我绝对不能容忍这样的事，如果遇到了，我就立马分手。现在我遇到了，我舍不得他，他也想回来。可是我心里就是过不去，觉得原谅了他，自己就好像没有原则一样，觉得这样很低贱。"

原先心里关于爱情的"应该"，变成了心里过不去的坎。有时候我会说："是啊，这真的很难。无论你做什么选择都能理解。不过就算你选择了复合，也不说明你没有原则。只不过你的原则是，你把你们的感情看得比你自己的委屈重要。"

这么说也许会让人有些生气。也许你要问我，你是在提倡这样的爱情吗？当然不是。我没有倡导什么，也没有反对什么。只是当一对遇到困难的伴侣在我面前时，我都会条件反射似的想，我该说些什么话，能帮他们一起找到出路，好让他们有信心能够走下去。成年人的爱情已经够难了，再说理想爱情的样子又有什么用呢？任何一种"应该"，都不会比现实中的两个人更重要。

这是另一种成长型思维：不是着眼于"应该"，而是着眼于遇见问题，我们该怎么处理，并相信关系会随着我们的处理而发生改变。

曾有人问家庭治疗大师萨尔瓦多·米纽庆："您做了一辈子的家庭治疗，您心里理想的家庭是什么样的？"

米纽庆说："一个理想的家庭，其实就是一个有修复能力的家庭。没有一个家庭是没有冲突、没有问题的，只要这个家庭具备了修复冲突、解决问题的能力，那它就是一个足够好的家庭。"

不是着眼于这个家庭会遇到什么问题，而是着眼于这个家庭会如何处理他们的问题。米纽庆说的，也正是这个道理。

10. 自我和成长的隐喻

记得一次讨论课上，曾有学生问我这样的问题："假如兔子都在拼命奔跑，作为乌龟的你前进的动力是什么？"

我请她解释一下，她说："这个世界永远都存在一些比你更牛的人，无论在哪些方面。如果把人生比作攀登，也许你穷其一生只能达到某个高度，但对某些人来说珠峰都不成问题。对此，有的人选择退出竞争，有的人不断向上。如果你是后者，你明知登不上顶端，那你攀登的动力和意义是什么？"

用故事来比喻人生，有特别的意义。根据积极心理学家乔纳森·海特的说法，一个人的人格的核心，不是你用人格量表测得的人格特质，比如内向还是外向，心如止水还是波澜起伏，处女座还是摩羯座。人格的核心，其实是一个故事。

这个故事凝缩了我们对全部人生的理解，成为我们独特的人生线索。这个故事有一个目标，通常就是成功或幸福；有很多围绕目标展开的情节，就是你的每段人生经历。而我们的意义感，也通常来源于对这个人生故事的理解。可以说，我们的人生，就在完成这样一个独特的故事。只是，故事开始的时候，我们也不知道这个故事是怎么样的。我们一边当观众，一边当编剧。一边经历，一边修改故事大纲。

当我们接受一个故事作为我们的人生范本的时候，我们也接受了这个故事背后所隐含的假设。这些假设像是故事的潜台词，它们被视为理所当然，很少有人认出它们，去质疑它们。

当我们用龟兔赛跑来比喻我们的人生时，这一比喻同样隐含了我们对人生的一些信念：

（1）人生是一场赛跑。（是这样吗？）

（2）你和他人在同一条赛道上，终点处会有一个胜利者，一个失败者。（是这样吗？）

（3）跑得快还是慢，是一种固定的能力。如果你跑得慢，你就一直跑得慢。（是这样吗？）

（4）如果你已经跑得很慢了，就只有拼命奔跑，才能获得成功。（是这样吗？）

这些隐含的信念所体现的，正是僵固型思维的特征：用一个假设的、"必然会存在"的、比我们强的人作为比较标准，来消减我们成长和进步的意义。

当然，我们不能把这种信念的流行栽赃给为我们讲故事的幼儿园老师。这种信念的流行是焦虑的父母、功利的学校、浮躁而现实的社会文化共同作用的产物。

而成长型思维，会用另外一些隐喻故事来形容人生。

我经常会被问到的一个问题："陈老师，我怎么才能发现真实的自己？"

当人们这么问的时候，他们假设自我是一个已经存在并相对固定的东西。它通常由我们的童年经历决定，而我们以后的经历，只能对已经形成的自我进行修修补补。

从成长型思维的视角看，我更愿意把自我比作一条河流。源头固然很重要，但河流最终的形态如何，取决于它在流向大海的途中会遇到哪些山坡、丘陵、沙漠……它怎么面对障碍，以及选择在什么地方拐弯。真实的自己并不是一开始就存在，是我们在跟环境互动，应对困难，做出选择的过程中，逐渐塑造出来的。

假如自我是一条流动的、尚未成形的河流，那么"发现自我"，或者"证明自我"也就没有意义，因为就算我们能通过某件事证明自己，我们所能证明的也仅仅是某个阶段、某种状态下的自己。就像这条河流有一段湍急，有一段平缓，你却没办法通过某段河流来评判整条河流。

我喜欢的另一个关于自我的隐喻，来自采铜老师。决定从大厂辞职，专职在家写书时，他写过一篇文章，说他想变成一棵树：

"我想成为一棵树……成为一棵树意味着我总是在生长，一方面往地下去伸更深的根，另一方面往天空去发更高的枝；成为一棵树意味着我是连续的，我的年轮一点点变粗，新的枝叶在老的枝叶上抽出，乃至我树干上的疤痕也总是留在那里，覆上一点青苔，成为我久远的印记；成为一棵树意味着我不只在一个向度生长，我的树根和枝叶向四面八方伸去，从每一种视角看都生气蓬勃；成为一棵树意味着我会沙沙作响，我会摇曳着跳舞，我会迎风歌唱，但我的根基仍旧在那里，不会因为一时得意而失掉初心；成为一棵树意味着我可以和各种各样的生物成为朋友，和它们交谈、共存、互惠，我不挤占别人的生存空间，甚至反倒为鸟儿和松鼠构筑家园。

……………

"一棵树总是把另一棵树当成朋友，而不是对手。更多的树组成森林，它们一起抵御狂风，为动物的栖居建立家园，构建生态系统，这些都不是一棵树可以完成的使命。

"树，追求共赢，它们不相互竞争，而总是默默地相互致意，既相互独立，又携手完成使命。"

这是我见过的关于成长型自我最好的隐喻。

如果从树的角度，重新回答本文开头那个同学的问题，我大概会说，人和人之间的关系，并不只有比较和竞争。我们做事的动力，也不只是想比别人优越。我们每个人都努力生长，既相互竞争，又彼此扶持，形成了一个完整的生态系统。我们是亲人、朋友、同学、同事、公民……也许我们有高有低，但我们在共同生长的土地下面，根须相连。如果你问一棵树既然总有其他树比它长得高，为什么还要生长，它大概会回答：

"傻孩子，因为我是一棵树啊。"

思考
与
实践

如何培养成长型思维?

1. 制订犯错计划

培养成长型思维,需要更新我们对错误的认识,不把错误看作对自己的否定,而把它看作有用的反馈。为了完成这种思维转变,你可以给自己制订一个犯错计划。具体步骤如下:

(1) 根据你的情况,确定每周犯3~5个错误的目标。

(2) 如果完成了这个目标,分析这些错误的根源,哪些只是一时疏忽,哪些跟你的尝试和努力有关?如果没完成这个目标,分析如何做更多尝试,可以完成这个目标。

(3) 思考这些错误给了你什么样的反馈,对你有什么样的帮助,并写下来。

2. 给三年前的自己写信

人总是通过应对挑战，获得成长。想想三年前的你，再想想今天的你，你经历了一些什么样的事？

以过来人的身份，给三年前的自己写一封信。告诉那时候的自己：

（1）他会遇到一些什么挑战？

（2）他当时的担心，哪些是必要的，哪些是不必要的？

（3）他应该做些什么，来应对这些挑战？

（4）经历过这些挑战，他的能力将获得怎样的提升？

（5）这三年的生活，会带给他什么变化和领悟？

写完信后，把它放到一个信封里，收藏起来。

3. 画一棵生命树

树是关于成长最好的隐喻。你可以画一棵生命树，来回顾自己的成长历程。你画的树可以是现实中的，也可以是想象中的。你可以用彩笔画，也可以用铅笔画。无论你画的树是什么样的，它都应该包含树的完整结构：

（1）树根。树根是树成长的来源。在这部分，写下你来的地方，包括你的国家、民族、家乡、家庭……思考这些对你的成长有什么影响。

（2）树干。树干是树成长的支柱和力量。在这部分，写下你的优势、美德、特长、爱好……思考蕴含在你身上的这些资源，如何帮助你克服困难，获得成长。

（3）树枝。树枝在树干上抽枝发芽。在树枝上写下你最近五年希望达到的愿望。这些愿望不像"幸福快乐"这么抽象，而要像"找一份新工作"或者"买一辆车"那样明确具体。

（4）绿叶。在每片绿叶上，写上一个曾经在你生命中出现过、对你产生了积极影响的人。不要写一类人，如同学、老师，而要写某个特定的人。

（5）果实。果实是你生命中的礼物。所有你拥有的，并感恩的东西，比如：健康的身体、美满的家庭……

画完这棵生命树后，签下你自己的名字。找两个朋友，讲讲你的生命树。你可以把它挂在你的书桌旁，提醒你自己所拥有的资源。

? 我想问你：

（1）你曾遇到什么事，当时你觉得做不到，最后却做到了？

（2）和三年前比，你觉得自己最大的进步是什么？

（3）如果从僵固型思维的角度来看，你和朋友/伴侣之间存在什么问题？如果从成长型思维的角度来看呢？

（4）如果用一个成长型隐喻来形容自己，你觉得自己像什么？你希望自己像什么？

（5）从成长型思维的角度，该如何学习"成长型思维"？

（没错，学习成长型思维本身也需要用成长型思维。）

？你也可以问自己：

（1）为了做成这件事，我还需要学习哪些技能？

（2）这个挑战是怎么帮助我的能力成长的？

（3）我怎么才能知道自己想的是对的还是错的？

（4）如果这件事失败了，我从中学到了什么？

（5）如果我做错了，那么怎么做是对的？

（6）我能从别人的成功中学到什么东西？

多年后 的 回望

作为增订重版的一部分，每一章的结尾都是我从现在回望过去，回望从前所写的文字。时光给我带来了变化，变成了一面镜子，让我在对过去的审视中，看见自己的成长。我也想通过"多年后的回望"这样一种形式，把我现在的思考分享给大家。这章内容的一部分，来自五六年前。那时候我还在学校工作，接触和思考的都是年轻人的问题。而另一部分的内容，来自我离开学校，接触了更广泛的人后的思考，同时也包括了我自己最近学习和成长的经验。就像学校里的年轻人会毕业，我自己也从学校"毕业"了。我很高兴，我没有停下自我发展的步伐，我自己仍在行进当中，所以对人的自我发展，有了更多切身的体会。

当初写《你有没有这样的"名校学生病"》的时候，我感受到了部分同学某种真实的"焦虑"。在现在的学校环境中，这种焦虑仍然存在，人们不仅变得更"卷"，而且增加了很多对现实的担忧。我也见到了这些同学毕业以后的某种样子，就像我曾经遇到的一个来访者，每天一边焦虑，一边渴望和幻想有一天过上清闲的日子。可是当她真的拿了一笔数额不菲的赔偿金从公司离职，她马上开始担心会被时代淘汰。我试图让她理解，她的焦虑并非源于现实，而是源于她一贯的思考方式，这种思考方式从小学开始，是为了适应激烈竞争的外部环境而生成的。可是她坚称她焦虑是因为外部条件。她说："问题是，我还没有达到财富自由的状态。如果我达到了，我就能心安理得地过休闲的日子了。"

尽管能够看到这种焦虑，我不再觉得它的存在是一件纯粹的坏事了。人生有时候是很无奈的，我们想要去的地方，船票就那么几张。不拼尽全力，你也许就没有机会到那里，而拼尽了全力，有时候这种思维方式却变成你的一部分，不再能够轻易摆脱。

在本书初版的时候，我写这篇文章时似乎认为，走出这种怪圈的答案，就是秉持成长型思维。现在我倒是不那么执着于某个答案了。我慢慢了解了一件事：太快有一个答案，常常是贬低了问题本身。这也是一种逃离现实的做法。

和几年前相比，我对成长型思维的理解又加深了。我从自己的学习中体验到了它，又因为这种体验，它变成了我可以应用的知识。我更理解了两种思维背后微妙的动力：人在追求成长的时候，也在寻求如何保护自己；我们理解世界的时候，也在寻求如何改变。

甚至我觉得，我所理解的，比卡罗尔·德韦克当初提出这个概念时的更多。我跟她的理解有一种本质性的不同。她把成长型思维和僵固型思维变成了思维的分类标签。你要么是拥有成长型思维，要么是拥有僵固型思维。这种思维的标签，也会变成个人的标签。因为你的思维是成长型的，你就是拥有成长型思维的人，否则你就是陷入僵固型思维的人。

而我把僵固型思维理解成一种情境的误用，就是说我们并不知道，我们所用的思维，并没有和我们想实现的目标相匹配——如果我们的目标是成长和改变的话。就像我在前面的例子里说的，你的目标是"求改变"，而你的话语却成了"求安慰"。

既然这是一种情境的误用，我们就可以通过练习来得到它。从这个角度看，"情境的误用"比"思维的标签"更符合成长型思维的精神。

除了情境的误用，僵固型思维背后，还有一种微妙的动力。我觉得那些秉持僵固型思维的人，可能不是害怕被证明自己不够聪明，而是害怕被拒绝。它背后有一种羞愧：当你拼命努力却失败的时候，别人会觉得你在追求你配不上的东西，癞蛤蟆想吃天鹅肉。这种"配不上"就是一种拒绝，是被某个你想加入的群体的拒绝。它暗示了，你不属于某个类似"聪明人俱乐部"的群体，你不是那种人。

所以有时候我们不想努力，不是因为我们吃不起努力的苦，而是因为我们承担不起这种"追求配不上的东西"的羞愧。为了避免这种羞愧，我们宁愿躲在幻想里，或者接受别人的眼光所界定的那个"自我"，不够聪明的自我。

可是，谁能定义失败呢？谁能定义我们呢？为什么努力不能把"我"定义成"有勇气追求内心渴望"的人，却要把"我"定义成"追求自己配不上的东西"的人？谁能定义什么东西你配得上，什么东西你又配不上呢？

但最打动读者的，我相信还是那种既想要追求成长的冲动，又担心自己做不到的怀疑。其实这种矛盾永远都会存在。就像我自己，我并不是典型的拥有成长型思维的人，但我也一直在追求进步。如果让我说，去见识更大的世界总是好的，人需要在经历中让自己开阔起来。可是万一，我们选择了别的路，比如"躺平"的路，那也没什么大不了，只要我们自己安心。

人都是在矛盾中前进的。平衡好它，把握好它，诚实地面对它，它就会变成带你前进的动力，而不是左右互搏的"内耗"。

第二章

更大的世界
和眼前的生活

FIND YOURSELF AGAIN

FIND AGAIN YOURSELF

较之于当下在我们之内的，我们身后的过去和眼前的未来，都是琐事。

——奥利弗·温德尔·霍姆斯

杂务琐事并非烦恼一堆，别以为一旦逃开，就可以开始修行，步入道途——其实这些琐事就是我们的道。

——盖瑞·斯奈德

1. 遥远的梦想和眼前的生活

如果你有一个执着的目标，你为它奋斗了大半生，为它吃了很多苦，受了很多累，做出了很多牺牲，而就在这个目标实现的前夜，你死了，你会怎么评价自己的人生？又会如何赋予这段人生以意义？

电影《心灵奇旅》讲的就是一个这样的故事。故事讲的是一个郁郁不得志的爵士乐钢琴家，他的生活割裂成截然不同的两部分：音乐梦想和维持这个梦想所付的代价。

除了已经年迈的妈妈，他没有自己的家庭，对爵士乐以外生活的其他部分都是敷衍。为了维持生计，他到中学教音乐。他当然不享受这份工作，觉得跟这些不喜欢音乐的学生打交道就是浪费时间。他其实也不享受爵士乐，也许以前享受过，但慢慢地，音乐变成了一个符号，提示他生活的失败。他只想成功，梦想登上一个更大的舞台，让这么多年的付出有个圆满的结局。

终于有一天，他等来了跟一个著名的爵士乐明星同台演出的机会。就在生活否极泰来的转折点，他却乐极生悲，掉进窨井去世了。

他觉得他的生活正要开始，怎么忽然就这样结束了呢？于是，他带着内心的不甘偷渡回了人间，顺便还带了一个觉得人生没有意义，因此不甘心投胎的小孩灵魂，重新看他因为执着于梦想而没来得及看的世界，寻找新的人生意义。

电影很好看，我身边那些为梦想挣扎过的朋友纷纷表示被治愈了。反而是那些从来都安安稳稳过生活，平平淡淡才是真的人表示一般。比如我爱人看完就说："这个电影讲的不就是要活在当下吗？可是我每天都是活在当下啊！"

当然，这个电影讲的是活在当下。可是它讲的远远比活在当下要丰富。在某种程度上，它讲的是梦想的残酷。这种残酷不只在于提示实现世俗意义上的梦想的机会是多么稀缺，也更在于追求梦想的过程，会如何塑造一个人。

梦想的好处，是让你的生活有奔头，通过重组你的生活，帮你确定什么重要，什么不重要，什么值得，什么不值得，什么要做，什么可以，等等。同时，因为有明确的目标，你也会变得更加专注。

而过于执着于梦想的代价，至少在想象里，梦想会把生活分成截然不同的两部分：为梦想做准备的生活和实现梦想的生活。就好像，只有到了后一个阶段，人生才算真的开始。而一旦没有实现梦想，我们的生活就永远没办法开始。

　　因为执着于梦想，人会陷入一种"目标窄化"的心理状态。在赛马场，骑手要给赛马戴上一副眼罩，让赛马只能看到前面的跑道，而看不见其余。这样，在赛场上，这些马才能不顾一切地往前奔跑。其实梦想就是我们给自己戴上的眼罩。区别只在于，一离开赛场，骑手就会把赛马的眼罩摘下来，而人有时候太执着于自己的梦想，会一直"戴着它"。

　　我们因此而忽略的东西是什么？

　　在电影里，主人公以灵魂的形式重回人间，心心念念的还是他的演出。重新发现世界，靠的也是跟他一起偷渡来的那个对人间没兴趣的小灵魂。原来，这些生动的细节都隐藏在日常的小细节里。香喷喷的比萨饼，社区的朋友，母亲的支持，学生的信任……这些生活的细节绝非毫无意义，相反，它们是我们活着的证据。

　　我经常想：这么多人有过梦想，但只有这么少的人实现了人生梦想，那些没有实现人生梦想的人去哪里了？他们要怎么从失望中走出来，活得好呢？万一努力追求的梦想没有实现，生活还剩下什么呢？

　　电影里那个受人欢迎的理发师倒是给了一个答案。他说他年轻时候的梦想是当兽医，后来就当了理发师，原因是"当兽医的培训费比理发师的贵太多了"。可是当有人要同情他时，他却说："那也不能这么说。我现在也很好。"他的手艺很精湛，对顾客很热情，也喜欢现在的工作，很多人都喜欢他。

　　这不就是大多数人的现状吗？没有实现梦想的人，在现实的生活里，找到了新的意义。这些意义也许没有梦想那么伟大，甚至不值一提，可就是有种生命的热情。一个人能投入，有兴趣，这就是生命丰盛的证据啊！

梦想是在生命这条河流中产生的。生命力是这样的东西：它需要梦想制造张力，可是，就算生活中哪里阻塞了，原先的梦想中断了，它还是能兜兜转转为自己找到出路。只不过它所找到的出路跟世俗意义上的成功，未必是同一条。就像那个理发也理得津津有味的理发师，和愿意去倾听和安慰失落的学生的老师一样，我们还是愿意投入一些东西，并在其中重新寻找意义。

当然，我们不能低估梦想无法实现的失落和痛苦。我认识一个朋友，还是孩子的时候，就为类似《指环王》《心灵捕手》这样的电影所激励，幻想自己有一天也能登上荧幕，成为一名演员。所以当真有演艺公司想签下他时，他毫不犹豫地放弃了名校保研的机会，选择成为一个年轻的北漂演员。可是年轻演员的生活是很苦的，开销很大，收入却有限。关键是他发现梦想和现实之间的差距巨大。他梦想成为一个艺术家，而在现实中，他却只能演肤浅的年轻阔少，想要给这个角色增加点深度和复杂性，还会被人嘲笑。后来实在撑不下去，他就进入了电商直播行业，成了一名主播。因为俊朗的外表和专业素养，他很快在电商直播行业取得了成功，赚了很多钱。

新领域的成功能弥补梦想的失落吗？当然不能。他经常想起自己的演员梦，原来的梦想给他带来生活的困窘，也给他提供了一个生活的坐标。而现在呢？他常常因为失去了这个梦想，怅然若失，不知道自己是谁。

我很想给这个故事一个光明的结尾，可是在我遇见他的时候，还没有。也许他要经历很多艰难的探索，才能重新找到自己。我只是想，无论我们是否实现梦想，生活总是滚滚向前。在失去一个梦想后，我们永远有机会为自己找到一个新的梦想。

而真正的问题是：当我们谈论梦想时，到底追求梦想是为了生活，还是生活是为了追求梦想？

如果梦想是为了生活，我们那么就需要把梦想置于"好好生活"这个大前提下。梦想的实现当然是稀缺品，可是生命本身是更重要的稀缺品。如果你还能闻花香，尝美味，听音乐，能和家人、朋友交谈，能在我们所生活的世界中感受存在，那你就生活在富足里。

而如果生活是为了梦想，那梦想的破灭，就意味着一切全完了。我们就会让自己生活在巨大的恐惧之中。

梦想究竟是提供生活的助力，让你的生活变得更积极，还是否定现在的生活，让你觉得梦想成真以外的生活都不值得过，这两者有一个微妙的区别，区别的标准在于：你是否因为过于执着，而看不到生活的其余。如果你看不到生活的其余，那就否定了生活。

电影有一段是，生命的荒漠里有很多因失去跟生命的联结而迷失的灵魂，它们是人们在物我两忘的境界中获得的神游体验，也就是心流（flow，又译福流）。电影里说："心流和心魔其实很像。那些迷失的人和神游的人也很像，只不过迷失的人太执着了。"

专注和热爱某件事，能创造心流。一定要达成某件事，就会创造心魔。心流能让我们更好地体会自己活着，而心魔却会抹掉目的以外的东西，把生活变成实现目的的工具，哪怕这个目的叫梦想。

在电影里，主人公历经千辛万苦，终于迎来了实现梦想的那一刻。那晚的演出完美极了。别说初次登上梦想舞台的他，哪怕只是作为观众，也会被这样的时刻打动。

实现梦想的那一刻感觉如何呢？从演奏厅出来，那个爵士乐明星问他感觉如何。他说："我为这一天等了一辈子。我以为，这一天会很不一样。可是，我发现，它和以往没什么不同。"

如果让我来说，我觉得他经历了这么精彩的一晚，他的感觉还是会很不同的。不然的话，我们太低估了梦想的分量，也低估了投入忘我的演出所带来的美妙体验。他说发现没什么不一样，估计是编剧为了凑下面这段台词。只不过，这段台词实在太精彩了，就算为了凑台词，我也原谅编剧了。

这段台词是这样的。听完他的回答以后，爵士乐明星就讲了一个故事：

从前有一条小鱼，它一直游来游去，寻找东西。有一天，它游到一条老鱼旁边，问道："我怎么才能找到海洋？"

"海洋？"老鱼问，"你现在就在海洋里啊！"

"这里是水，"小鱼说，"而我想要找的，是海洋。"

如果生活就是我们所处的大海，别因为戴上了梦想的眼罩而错过它。

多年以前，我读过威廉·毛姆的《月亮和六便士》。这本书也讲了一个关于梦想的故事。毛姆笔下的那个主人公，人到中年，忽然抛妻弃子，离开了自己熟悉的生活，要做一个画家。他辗转变成了一个流浪汉，又做了水手，到了某个岛，与原始部落的一个女子同居，最后还感染了麻风病。在他生前最后的日子，他把一生的感悟，画成了一幅壁画。看过的人都被震撼了，惊为天人。可是他在去世前，却要求原始部落的女子在他死后一把火把这幅绝世的艺术品烧了。

以前我不明白，这么好的壁画，他为什么要烧呢？后来我想，也许对主人公来说，他最大的成就不是这幅壁画，而是他自己的生活。画了一幅美妙的壁画，只是他生活的一部分。生活是他的，不需要别人评价。

不是别的，你的生活，才是你最大的成就。所以好好过它。

2. 远方是"病"也是"药"

几年前，河南有个中学的心理老师顾老师从学校辞了职，写了一封简短又文艺的辞职信："世界这么大，我想去看看。"这封信在网上疯传，触发了每个人心底的"远方梦"：有一天能跟庸碌无为的生活说再见，转头奔向别处的生活。"世界这么大，我想去看看"，正是对庸俗生活的一种表态、一个宣言。

那时候的人们，对工作和生活还有所憧憬，就表现为对远方的向往。不像后来，不确定性因素太多了，确定性倒成了一种稀缺品。在到处裁员的大背景下，考公务员、考研的人数每年都创新高，据说2022年报考教师资格证的人数已经超过了新生儿的人数。稳定的工作变成了另一种动荡中求而不得的"远方"。也不知道顾老师过得好不好，现在回过头会怎么看当时的决定。

人总会向往远方，因为它意味着跟现实生活不同的可能性。

有一段时间，我在一个节目做心理顾问。这个节目要求选手在山清水秀的野外过一段全封闭的生活，进行二十四小时网络直播，持续一年。因为是封闭节目，为了防止选手出现心理问题，节目组就委派我在每个选手上山之前跟他们聊聊。

谁会愿意完全放弃现在的生活，去一个陌生的地方，一待就待一年，而且要把自己的生活展示给别人看？因为这件事本身不同寻常，所以了解这些人参加节目的动机，就成了一件有趣的事。

来参加节目的人形形色色，有在非洲某岛国长大的美女模特，有辞职在丽江开客栈的都市白领，有身家上亿的公司老总，也有到处流浪的行者和手工艺人……吸引这些不同身份、不同背景的人来参加节目的，并不是一般人以为的"成名"——事实上，直到接近尾声，这个节目仍然表现得不温不火，并没有太大的影响力。很多人来参加这个节目，纯粹是被"别处的生活""远方"这样的概念吸引来的。

　　"远方"是一个充满诱惑的神奇的词。卡尔维诺说，对远方的思念、空虚感、期待，可以延绵不绝，比生命更长久。这种思念究其本质，就是对生命可能性的向往。当人们陷于生活的琐碎，感到无聊、疲惫、厌倦时，"远方"就会在幻想中被制造出来，它所代表的可能性，既能容纳过去的失败、挫折和悔恨，又能容纳对未来的希望。

　　可是到了远方以后呢？如果你没有改变，他乡还是会变故乡，疲惫和厌倦还是会爬上心头。你要么适应，要么重新迁徙，周而复始。

　　被问到为什么想来参加这个节目时，有选手说："这几年工作挺忙，钱也没少挣，只是外面的生活太累了，处处都是钩心斗角。我只想到里面（山上）休息一段时间，过一段隐居的生活。"

　　他的意思，是换个环境就能清心寡欲，隐姓埋名重新来过。进入了这个生活场，最开始很好奇、很开心，但过不了多久，疲态又来了。他开始觉得，里面的生活不仅累，而且复杂，有流言蜚语、拉帮结派、钩心斗角、阴谋诡计。区别只在于，在外面的世界中，这些钩心斗角对应的标的物好歹是功名利禄这样的社会"硬通货"，但是到了山上，人们的心思、伎俩和他们所图的利益完全不对称。

　　巨大的心力和微小的利益形成了一种奇妙的反差。一些人成了阴谋论者，另一些人有了轻微的迫害妄想。一切争斗看着毫无意义，却把我们曾经历的关系、对人的猜忌投射了进去，如苍蝇般挥之不去。这些选手原本只想过一种安逸的生活，却没想到过得比外面的生活还累。于是有人无奈感慨道："有人的地方就有江湖啊！"

"远方"似乎真的只是幻觉，可是，佛陀迷茫的时候，明明是走出宫殿，到了远方，才找到答案的啊！即使他得道以后，也是驻足一段时间，迁徙一段时间的啊！

节目里有个小伙子，在丽江做皮具、开客栈、种成片成片的向日葵。向日葵一开花，他就一手拿着向日葵花，一手握着自行车把，在田间歪歪扭扭地骑自行车，车后座载着心爱的姑娘。这小伙子年轻的时候，在北京的一个大酒店，一边当服务生，一边到处寻找出路，过得很苦。有一天，他在网上看到一位大哥拍的到无人区探险的纪录片（这个大哥居然也在这个节目里），恍然大悟："我×！这才叫人生！我也要过这样的人生！"他鼓足勇气，递交了辞职信，揣着几个月的工资，去远方寻找生计。第一站到了沈阳，流浪了很多天，没找到养活自己的营生，兜里的钱却花没了，只好回来继续当服务员。等攒了点钱，他又痛快地辞职了。这回到了大理。钱快花完的时候，他看到有人在旅游区开了个小店，一边做皮具，一边卖。他每天跑到人家小店门口"蹲点"，仔细观察人家怎么做。一个月以后，他也开始在街边卖皮具谋生了。

远方的生活当然也并没有那么美好。比如卖皮具、开客栈、种向日葵这种文艺的事，最终也变成了生意。但和在北京做服务生时相比，他还是有些不一样了。有一段时间，他在大理待得有些厌烦，就把皮具店的门一关，把东西一打包，跑到西藏重新开店，卖起了各种石头、蜜蜡。当他觉得生活太无聊、感到厌倦时，他就有勇气和信心换个地方重新开始。这种勇气和信心可是他在适应远方的艰难时生出来的。

所以，"远方"的意义到底是什么？人们心里有疑惑，去远方寻找答案。答案并不在"远方"，而在寻找的过程中。但想象中的"远方"确实提供了人们启程的最初的动力，而现实中的"远方"又培养了人们适应新环境的能力。所以我们才会一而再再而三地站在眼前的苟且处，歌颂起诗和远方的田野，我们歌颂的是对庸常的不甘、对生活的向往和改变的勇气，哪怕我们已经明了，"远方"有时候只是一场幻觉。

我曾遇到一个人，她早些年从公务员岗位辞职了，原因也是要去看看更大的世界。她很幸运地找了份轻松的工作，而且只要有网络就能做。于是她开始到处旅行。印度、土耳其、斯里兰卡……她没想过未来，没想过要组建或者不组建家庭，在旅途中如果遇到了有趣的人也不会拒绝或留恋。总之，她过得很随缘。

她说她有过"顿悟"的经历。夜晚一个人在斯里兰卡读一本佛教书籍的时候，忽然觉得理解了很多事，关于时间和生命。按她的说法，"更大的世界"不是从空间角度而言，而是从时间角度而言的。时间是我们所拥有的最宝贵的东西，除了基本的衣食住行，拿来换任何东西都是亏本生意。而衡量时间长度的，并不是物理角度的分秒，而是我们内心体验的丰富性。

对这些有特别经历的朋友，我常会既有一分好奇，也有一分怀疑。我知道他们出发的理由，有时候是向往，有时候是逃离。我也知道这份随意洒脱不能一直靠运气维持，也必然会有别人看不到的艰辛和寂寞。但对她悟到的道理，我是认同的。

所以行万里路，最终还是为了回到内心深处。可是回到内心深处，又并非只有行万里路一途。如果说行万里路是为了创造新的体验，那么看远处的风景是新的体验，细看近处的一朵花也是新的体验；读很多书是新的体验，把一本书读精读透也是一种新的体验；学很多东西是新的体验，把一门技能钻研得很深也是一种新的体验；见识很多人是新的体验，跟一个人走得更深，也是一种新的体验。它包括了解和被了解，影响和接受影响，爱和悲哀，伤害和原谅，失去的痛苦和重逢的喜悦……

这些新的体验，共同创造了心灵的丰富性，它并不需要你走远，却需要你深入其中。

3. 琐事的意义

读博士的最后一年，我一边写论文，一边焦虑着前途和未来。"未来"又大又模糊，衬托着我手头上的事又琐碎又无聊，让我烦躁不安。

这时候，有个老师问我愿不愿意去佛学院给僧人上心理学课。我毫不犹豫地答应了。听起来，佛学院像是个不食人间烟火的地方。我想，我终于有机会从琐事中逃离了。

果然，上课的第一天，我就在佛学院遇到了一些奇奇怪怪的活动实践者。当我介绍意志力科学时，有个学僧跟我说，他正在辟谷，已经第五天了。辟谷啊！我的好奇心一下子被激发了。于是我详详细细地询问了他辟谷的过程。他说辟谷有全辟谷和半辟谷，他做的是只喝水和吃少量水果的半辟谷。我问他感觉咋样，他说刚开始有点虚弱，现在情绪很好，很有活力。我敬佩地问他："那你辟谷的目的是什么？"

他一脸庄重地说："减肥。"

现在想起来，我还觉得，他眯着眼睛说"减肥"的时候带着禅意，跟为能在夏天穿上好看的裙子而忍饥挨饿的都市女孩不太一样。不过也说不定，也许那些女孩忍饥挨饿的时候也带着禅意，谁知道呢。

上完课后，我在那边用餐。原本以为吃饭是一件稀松平常的琐事，但是我却见识了一套非常复杂而庄严的程序。吃饭之前，每个人把碗筷排列整齐。一声铃响，所有的人都止语肃静。大家齐声念诵感谢供养的供养偈。念完供养偈以后，所有的人开始端正坐姿，在静默中用餐。用餐过程中会有僧人提着盛饭菜的桶从桌前经过两次。如果要加饭或者加菜，你需要在僧人经过时把碗往前推，如果只要一点点，你需要做手指半捏的手势示意。餐毕，大家摆正餐具，齐声念一遍结斋偈，再一起有序退场。

我第一次在佛学院吃饭的经历其实不太光荣，差点就被执事的法师当场赶了出来，因为我企图在大家举行仪式的时候拍照，发微博。熟悉规则以后，我也开始喜欢佛学院这种专注而静默的用餐方式，这让餐食显得特别美味。

我并没能从琐事中逃离。但我在佛学院学到了一个更重要的东西：一件事是不是琐事，并不是由这件事的性质决定的，而是由你对待它的态度决定的。如果你不轻慢它，以庄重的态度对待它，那它就是重要的事。

《禅定荒野》的作者、长期居住荒野的诗人加里·斯奈德曾写道：

"我们都是'现实'的门徒，它是一切宗教的先师。在寒风凌厉的早晨将孩子们赶进车里送他们去搭校车，和在佛堂里守着青灯古卷打坐一样难。两者没有好坏之分，都是一样的单调枯燥，都体现了重复的美德。

"杂务琐事并非烦恼一堆，别以为我们一旦逃开，就可以开始修习，步上道途——其实这些琐事就是我们的道。"

这些琐事就是我们的道。可为什么我经常处在杂务琐事中，却没有修行上道呢？难道是我修行的方式不对？

后来我想到了，他们这么说，是因为他们的心是自由的，所以在哪里、做什么其实都一样。就像这段话的作者加里·斯奈德，年轻时到处流浪，求神问道，过了很多年亨利·梭罗式的生活似的。人到中年，回归世俗社会了，才有了"哪里都是道"的领悟。在威廉·毛姆的小说《刀锋》里，主人公拉里·达雷尔因为在战争中看透了生死，所以抛弃了上流社会的生活和心爱的未婚妻，一个人去流浪，在印度修成正果后，到纽约当了一名出租车司机。他并不对无聊琐事失望，相反，心自由了，他对什么样的生活都充满热情。

这些自由人，他们不急着去什么地方，也不急着做什么。琐事跟他们的关系特别平等而单纯。他们不是被迫做这些琐事——琐事不是压迫他们的老板；他们也不是选择做这些事——他们也不是琐事的老板。他们只是和这些琐事"遇见"了，然后"做"它们。他们并不轻慢琐事，而是尊重琐事，庄严待它。

他们哪里也不想去，却反而自由了。而那些想要逃离的人，却看到到处是囚牢，日常生活中的琐事与他们的有关系，逐渐演变成了压迫和反抗、控制和逃离、意义感和无意义感的撕扯。

网络上曾有人问，为什么在办公室工作了一天，并没有做什么，却感到疲惫不堪？一个简洁明了的高票答案是："因为琐事没有意义！"

可什么是意义呢？

我们总是习惯了用"好""坏"或"重要""不重要"，来评价一件事。这件事能帮助我们升职加薪吗？能够帮助我们快速成长吗？如果不能，那做这些事有什么意义呢？

评价并不总会带来"意义感"——有时候，意义感是我们沉浸在一件事中体会到的。但评价却经常带来"无意义感"。"无意义感"的意思大概是，我们想去更多的地方、见识更大的世界、拥有更多的可能性，可琐事不仅没办法带我们去，还阻碍我们去。

当我们回顾一天的工作，发现自己什么也没做时，疲惫就会伴随着失望自然产生。

正是对意义的想象，把生活分成了两部分：一部分是痛苦的，另一部分是快乐的；一部分是琐碎的，另一部分是神圣的；一部分是忍受的，另一部分是享受的；一部分是交钱的，另一部分是收货的。交钱总是痛苦的，收货总是幸福的。所以我们迫不及待地想要脱离前一部分，得到后一部分。而琐事不幸被我们看作了前一部分。

如果"琐事"是个人，估计他也得叫屈：凭什么你把我当作工具，去追求别人？你这么看轻我，我自然要报复你。于是，你越想逃离，琐事就把你箍得越紧。"琐事"和你就变成了一对冤家夫妻。而如果"琐事"真是个人，以平等心待他的背后，也就是慈悲和爱啊。

所以你看，对待琐事的态度，其实就是民主态度。说众生平等，其实也得说"众事平等"。不能因为它是琐事而轻慢它，尊重它就是生命的一部分。而我们对生命的态度，除了沉下心来体验，还能做什么呢？

正念导师卡巴金有一段时间想过去远方出家。那时候他迷恋禅修，觉得生活耽误了太多修行的时间。后来，他的孩子出生了。他每天要换尿布、哄孩子、捡玩具，做一个普通父亲该做的事。有一天他想，既然修行也一样枯燥和艰苦，就把做这些生活琐事也当作一种修行吧。于是，他开始以一种郑重其事的态度认真地对待它们。他的生活并没有变，但慢慢地，他的心却静了下来，而他与孩子的关系，也在全心投入中，变得日益亲近。

一行禅师曾说，很多人总是容易把做"正事"的时间看作"我的时间"，而把做琐事的时间看作"占用了我的时间"，好像因为琐事，那一段时间不再属于我了。实际上，陪伴孩子的时间和修行的时间一样，都是"我的时间"，我们有责任以认真的态度度过它。

有一天早上，我去佛学院上课。佛学院的门给锁上了，进不去。那天天很冷，又下着雨。我在门口等了十几分钟，开门的同学才匆匆赶来。我正想抱怨几句，那同学说，老师，你看风景多美！抬头一看，雨后的远山烟雨蒙蒙，满山的绿色茶树正在发芽，衬托着近处的几枝红蜡梅。欣赏着这远处的美景，我的心一下子安静下来了。我心想，如果不是我刚刚急着等开门没注意到，也许我反而多了十几分钟欣赏美景的时间。

那一瞬间，我觉得我悟到了什么。

我悟到了什么呢？也许是，等待的时间，其实也是我的时间，我本可以好好利用和享受。也许是，要想脾气好，还得风景好啊！

4. 从眼前的生活到更大的世界

在我的收藏夹里，一直收藏着的是阿里大神多隆的故事。

多隆在阿里的层级是P11，相当于副总裁，是阿里合伙人里唯一的程序员。无论就职位还是财富方面而言，他都是见识过更大世界的人。

可多隆又很特殊，他有着与他的位置不搭的行事风格。他不喜欢带团队，嫌麻烦，职业生涯主要是专注地写代码。引用同事对他的描述：

在内网的标签上，他被称为神。多隆做事一个人能顶一个团队，比如说写一个文件系统，别人很可能是一个项目组，甚至一个公司在做，而他从头到尾都是一个人，在很短的时间内就完成了。从2003年到2007年，淘宝搜索引擎就是他一个人在写，一个人在维护，而且这还不是他全部的工作。

多隆不擅交际，不常分享，也不玩什么社交网络，一般很难在公众场合见到他。只要是能不参加的会议、采访，他都不会参加。就算去，他也常常会带上笔记本。据说，他也曾经带着笔记本去outting（远足），在车上写代码。虽然被所有人视为神，但他真的由心底觉得自己是一个凡人。他做得最多的就是默默地坐在工位上，对着屏幕上的黑框写代码，解决问题。

曾经看到一句话——熟悉滋长轻视，一旦熟悉了，传奇也不过如此。但在多隆这里，完全是相反的。越深入了解，越钦佩他的专注、职业。他说过，他的兴趣就是写代码，而他真的是每天上班除了吃饭、上厕所，就是写代码，一写就写了14年。

有一次在散步的时候，有人问他是如何成长为现在这样的大神的。他回答说"就解决问题嘛"。凭14年的专注加上淘宝的飞速发展，他就这样"简单"地一步一步解决问题成为大神。

多隆的故事让我想起《禅与摩托车维修艺术》中的一句话：

"今天，佛陀或耶稣坐在电脑和变速器的齿轮旁边修行，会像坐在山顶和莲花座上一样自在。如果情形不是如此，那无异于亵渎了佛陀或耶稣——也就亵渎了你自己。"

原来，在电脑旁修行就是这样的啊！

读到别人的人生，在敬佩之余，我们也会好奇，到底是什么驱动着他前进。

显然不是高远的目标。多隆是从"屌丝"级程序员，通过解决一个小问题，再解决一个小问题成长起来的。如果他念念不忘远大目标，未必能做到这么专注。人心里有了执念，就会担心。一担心，就很难做到专注了。

我们从小被教育，要有远大理想，这几乎成了我们对世界的基本信条。越是对现实不满，越是害怕泯然众人矣，我们越会紧紧抓住高远的目标不放。但如果高远目标没有现实的路径，很容易把生活变得抽象而无趣。

有一次，我去做一个关于拖延症的分享，有同学问我："我有一个远大目标，希望能成为一个像我老师那样的科学家。可是当科学家需要先通过GRE（美国研究生入学考试），要去国外读博士。读博士还要读很多文献，发很难的paper（论文）。回来还要能组建自己的实验室。这其中任何一个环节稍有差错，我的目标就功亏一篑。一想到这些，我就很焦虑，就觉得眼前的事很没意义，于是什么也不想做了。"

在高远的目标下，生活被想象成一架设计精密的仪器，容不得半点差错。这样的生活既乏味，又缺少惊喜。它就像一个买卖，把你很长一段的时光打包去换一个可能的结果。我们并不想要这个过程，而只想要远方的结果。所以我们会希望这个过程尽快结束，那个结果快点到来。可是，没有了这个过程，我们的生活又在哪里呢？

我曾经问过班上学生怎么看多隆这样的生活。大部分人表示钦佩，但并不愿意有一个这样的职业生涯。有一个同学小声嘀咕：

"如果能保证这么成功的话，那还是值得考虑，可谁能保证这么成功呢？"

如果把生活本身当作计算投入产出的买卖，自然要评估风险，再考虑投入。可有些时候，生活的投入产出，常常在我们的计算之外。在多隆埋头写代码的时候，并没有人能给他关于远大前程的保证。我们总是东张西望，觉得非得有人给了我们这样的保证，才舍得全情投入。古人说，尽人事，听天命。说的是，做我们能做的事，把命运的部分交给命运。这里面有一种信任在。

这种信任并不是对"公平买卖"的信任，而是死心塌地交付给命运。不是"只要我努力投入，上天就会给我回报"，而是"即使上天不给我回报，我也会努力投入"，因为过程已经给了我们回报。

如果说多隆的例子太成功而失去了现实的意义，现实中其实也有不那么"成功"的例子。

有段时间我看了一个刷屏的视频《回村三天，二舅治好了我的精神内耗》。据视频作者讲，二舅小的时候，曾是天才少年，虽然出生在农村，但也有很大的希望考上大学，拥有光明的前途。可是在考试之前遭遇厄运，他被隔壁村的赤脚医生打了四针以后，成了残疾人。

从"有前途的少年"，到终身残疾的"歪子"，这个落差落在谁身上，都很难接受，更何况二舅那时候还是孩子。

现实最残酷的地方是，无论你接不接受，它都在那里。区别无非是，如果你接受了，你就成了没有前途的"歪子"。你要借着这个残破的自我开始新的生活。如果你不接受，那你就会永远卡在这里，没办法前进。

而生命最有创造力的地方，也在于此。二舅用了三年，才慢慢接受这个现实。第一年他不肯再去上学，无论老师怎么劝，也不肯下床，在床上足足躺了一年。这是他沉溺于痛苦，抵御现实的一年。第二年他开始看一本《赤脚医生手册》，想要寻找治疗自己的方法。这是他用自己的办法跟现实讨价还价的一年。第三年，他看一个木工做活，才起了做木匠的心思，让家里给自己买了一套木工工具，开始做起了木工活。这是他开始尝试新生活的一年。

从躺在床上沉溺于自己的苦难，到能够把目光从苦难身上稍微拔开一些，去看看自己还能做什么，二舅最终发现，他治疗不好自己的身体，却能治好自己的心灵。我们赞叹二舅的时候，不是在否认他所经历的苦难，而是在赞叹生命本身的坚韧。他要活下去，就要由着苦难撑大自己的胸怀，让他变得豁达。而他的豁达也意味着，他要跟那个"有前途的少年"永远告别。

失去了这个自我，生活还是会留下一些东西，比如他的才华——虽然，在另一个平行世界里，它可能有更大的用处。

二舅找到的活法，是学一门木匠手艺。我觉得手艺是最能让人安身立命的东西，因为手艺最公平。手艺不会管你是谁，你遭遇了什么。你下了多少功夫，你有多少的悟性，手艺就会回报你多少。手艺是我们在纷乱的世界中真的能钻进去的东西。手艺让我们在苦难中，有地方可躲。也因为手艺，能够寄托新的自我。

一个木匠其实不算什么成就，没多少钱，最终的作品也不会有多少人知道。但二舅靠成为木匠，治好了自己的精神内耗。

我理解的精神内耗，是当理想和现实出现巨大的落差时，我们既无法接受现实，也没有办法追求理想。我们在被卡在中间，进退两难，痛苦挣扎。

"众生皆苦"，人活在世上，就会面对痛苦。而以佛学为底层理论的心理治疗学派ACT（也称意动心理学派）区分了两种痛苦：疼痛（pain）和折磨（suffer）。疼痛是世间的无常带来的，有时候冷不丁就落在了你头上，你避无可避。折磨，就是我们卡在其中无法动弹所产生的"精神内耗"。

二舅有过三年的精神内耗，来治疗自己的创伤。那三年，他承受的折磨多，疼痛少。后来几年，他承受的生活的疼痛多，折磨少。

有一些意义，是需要进入某种生活才能找到的。二舅进入了他一直拒绝进入的生活。这样的生活远远地看，好像除了痛苦什么也没有。但进入了，他便发现，他还是能创造一些东西。无论是用他的手艺做木工、帮村里人修补各种东西，还是他跟养女、妈妈的关系，那些是生动的，无论在哪种生活中都弥足珍贵的东西。

二舅从所做的有限的事情、所经营的有限的人与人之间的关系里，找到了自己生命的意义。

多隆和二舅，一个世俗意义的成功者和一个失败者，如果说他们有什么共同点，那这个共同点是，他们都以不同的方式进入了生活，在投入和专注中，找到了自己和这个世界最深的联系，以及跟这个世界的接口。

芝加哥大学心理学家米哈里·契克森米哈赖提出一个叫作"福流（flow）"的概念。他说，福流是人们在全情投入时所产生的一种特殊的忘我体验。在福流的状态下，人们的注意力高度集中，心中没有任何杂念，觉得一切活动畅通无阻，自己跟眼前的事密不可分、浑然一体，甚至忘记了时间。

米哈里把这种状态看作人类的最优体验，是幸福感真正的来源。悖论是，福流需要我们"忘我"，放下对事物以外的"目标"的执念。也正是因为"忘我"了，我们反而能够成就更深刻、更复杂的自己。

正如《活出生命的意义》这本书中，维克多·弗兰克尔所说：

"不要以成功为目标——你越是对它念念不忘，就越有可能错过它。因为成功如同幸福，不是追求就能得到的；它必须因缘际会……是一个人全心全意投入并把自己置之度外时，意外获得的副产品。"

5. 我想去远方，把人生格盘重来

按：当身处困顿中，我们总希望能够去远方，把生活格盘重来。这样是否可行呢？后面的答读者信，也许能给你一些启发。

海贤老师：

您好！

我想我应该只有很小的概率会被看到、被评价、被回复，这是我决定写下这封信并发出的重要原因。我也想了很久什么样的标题最好、最容易被注意到。但实际上我又期待着不被回复，不管有没有被看见。

我来自中产家庭，独生子女，父母相爱并爱我，名牌大学毕业。我曾经有份不错的工作，就在今年，辞了职，边申请学校边准备语言考试。父母也很支持。

我的生活是如此一帆风顺、乏善可陈，以至于我不得不找些什么来麻痹自己。我刷微博、论坛、知乎，看电影、看书，听歌、听广播、背单词，力求每时每刻都有事做，好避免深层次的思考：我很可能花一大笔钱与一长段时间，最后白白浪费了它们。

而且大部分钱还是我父母的。我父亲身体不好，今年要做心血管支架，我还有多少时间可以和他在一起呢？我母亲又那么怕寂寞。

然而，我还是会走。这个想法在两年前就有了。那时，我在工作，相亲，和酒肉朋友出去玩，努力过得充实又满足。虽然我还是觉得很无聊，但我在努力调整自己。去年年底，我开着车在回家的路上，不知道为什么，一下子哭得很厉害。从那时起，我意识到这样下去只会越来越糟：我会永远在长久的无聊与短暂的开心中循环往复，直到崩溃。我得找个目标才行。

我是有"前科"的。大学的时候，曾经陷入过非常沮丧的状态。那是个很常见的故事：我努力考上了大学，然后沉迷游戏，挂科，挂太多。每天躺在床上什么也不想做，留级，母亲过来陪读，勉强毕业。

整个大学时期，我什么也没学到，虽然玩游戏的日子很开心。您可能要问既然上大学这么颓废是怎么找到工作的，实际上那也是靠父母的关系。是的，这是一个拥有一把好牌却打臭了的人的自述。我拥有很多人没有的幸运，但我最终把它们都浪费掉了。我鄙夷自己，却又觉得自己是可以被原谅的，毕竟我也这么努力、这么痛苦。虽然都是些不值一提的努力和痛苦，但对当时的我来说，我真的尽力了啊——尽力了吗？

我总是希望自己的人生可以按下一个键，格盘重来。这可能是留学对我最大的吸引力：把过去的失败通通抹消。我想获得第二次机会，去成为梦想中的自己，去证明我也可以完成什么，可以自立，去交朋友，去尝试爱上谁。

但这很可能只是另一次失败——如果我能顺利完成学业并找到工作，那为什么不能努力做之前的工作呢？这么些年，我不知道自己热爱什么，只知道自己讨厌什么。我太害怕失败了，于是我什么也没做。

我知道这样下去不行，可什么才是行的呢？

深夜呓语，不知所云，谢谢您看到这里。当然，真心的，不看到也没关系，毕竟我说出来了，这应当是件好事，也要感谢您。

祝您生活愉快。

佚名

佚名：

你好！

你有没有做过这样的梦，梦见自己回到了从前，回到某个你人生的重要时刻。也许是在颓废的大学生活里，也许在让你找不到归属感的工作中，也许还要更早。在梦里，你还处在困境中，甚至比现实发生的还要糟糕一点。但是，和现实不同，你并没有颓废，而是以极大的努力、耐心和勇气做了些不一样的事。你把自己从困境中拉了出来。峰回路转，你的人生从此变得不同。在梦里，你既焦虑又开心。开心的是，你终于改变了自己的生活轨迹，让生活往你想去的方向发展。焦虑的是，你知道自己正在做梦。你害怕梦醒后，发现一切都没有变的那种惆怅。梦中的感觉越好，醒来后的惆怅就越深。

现在，你想去国外重读一遍大学。在大学里，你会努力学习、自立、交友、恋爱，过与曾经颓丧的完全不同的大学生活。当一个好学生，找一份好工作，把上一段经历中的失败和挫折抹消。你把梦引到了现实中来。只不过，它不发生在过去，而发生在未来，不发生在此地，而发生在远方。

我说它是一个梦，并非说它完全不可能实现，而是说它的功能和梦很像：满足我们纠正过去生活的愿望。伤心和挫折在心里郁结越久，你"把生活格盘重来"的念头就会停留越久，你就会忍不住想把幻想拉进现实。

这段挫折给你留下的印记太深了，以至于你无法接受这样的事实：你有过一段不太成功的大学经历。这段经历在事实上已经结束了，但你在心里一直延续着它。你想要一个光明的、深"V"反转的结尾，强烈到宁可不开始新的生活，也不愿意为这段经历画上一个句号。

其实，这段让你深感挫折的大学经历有一个不算太差的结尾。你毕业了，还找了一份不错的工作。在深陷学业困难的时候，你一定幻想过这样的未来：顺利毕业，找一份不错的工作。在那时的你看来，现在的生活就是你幻想的远方。

你在其中经历的痛苦和努力并非不值一提。你当然有足够的能力和智商做得更好。问题是，你那时候并没有做差生的经验——那种挂科就挂科的死乞白赖的坚韧。太多好大学里的好学生因为缺乏做差生的经验，偶尔一挂科，就蒙到完全不知该如何自处。你那时候的敌人比你想的强大。学习是最次要的，更大的敌人，是从"优等生"到"差生"的落差以及由此带来的羞耻感和挫败感。但你还是挨过来了。

你太想把这段"当差生"的人生经历抹去了，迫切到都没来得及仔细想想它想要教给你的东西。这里面有失败和挫折，也有很多让你坚持的力量。

你觉得自己能完成学业、找到工作是因为有父母的帮助。一方面，你感激他们对你的支持；另一方面，他们的存在让你怀疑自己是否能独立应对这些挑战。在人生的这个阶段，我们确实要离开父母，去远方证明自己独立生存的能力。只是，父母是你的资源，不是你的问题。比尔·盖茨如果没有家境不错的父母，可能也没这么顺利创立微软。但他大概不会想：

"如果没有父母的帮助就好了，我就可以证明自己是个白手起家的企业家了。"

他想的不是证明自己，而是把这件事做成。

我觉得年轻时能去国外读书挺好的，能增长知识和阅历。但如果我们的目标是通过改变环境来改变自己，这事又有些复杂。我见过不少人，因为去了远方，发生了他们所期待的转变。另一些人却又慢慢陷入了原先的生活模式。生活无法简单通过换个环境格盘重来，是因为我们每个人都带着自己长长的过去，这长长的过去并不会因为到了"远方"就消失。它不在环境里，而在我们的头脑里，在我们的所思所想中，在我们对挑战的应对里，在我们和环境的互动中。

我们需要了解自己的想法和行为模式，需要了解它们的历史、好处和可能存在的问题。当环境向我们提出新的挑战时，我们需要放弃熟悉的，去尝试不熟悉的，即使这过程伴随着强烈的焦虑和不安。只有这样，新环境才可能带来我们想要的改变。

最后，我想问你一个问题：假如有一天，真的出现了某个可以让人生格盘重来的神秘的数据中心，而这个数据中心又恰好允许你保留人生的一部分经历，抹去其余。比如说，可以保留1个G的容量，你想保留人生的哪些经历呢？那时候，你会不会嫌能保留的数据容量太小呢？

祝工作生活愉快！

陈海贤

思考 实践

思考一下

1. 你希望自己的生活有精密设计的规划，还是充满各种体验、经常有出乎意料的惊吓和惊喜？

2. 做什么事情时，你能让自己安静下来，保持专注？

3. 假如没有达成目标，你如何看待自己为目标努力拼搏的过程？

4. 你幻想中的远方是什么样的？它与你现在的生活有什么区别？

5. 如果能把人生格盘重来，你最希望抹去的经历或体验是什么？为什么？

6. 如果能把人生格盘重来，你最希望保留的经历或体验是什么？为什么？

实践一下

1. 转念一想

一行禅师在《正念的奇迹》中曾说，有时候我们排斥琐事，是因为我们做自己想做的事情时，会认为这些时间是"我的时间"，我们做不想做的事情时，就会认为这些时间"不是我的时间"。而实际上，这些时间都是"我的时间"，我们都有责任好好体验、认真度过。

想一想：生活中的哪些时间被你当作"不是我的时间"而敷衍度过了？如果把它们也当作你自己的时间，你会如何度过它们？

2. 以庄严的态度做一件琐事

尝试以认真投入的态度做一件琐碎的事情，比如洗碗、扫地、做饭或者照看孩子。集中注意力，全情投入，把它当作一种修行般郑重。感受事情的每一个细节。观察自己在做这件事时的情绪和感受。

3. 创造福流（flow）

芝加哥大学心理学家米哈里·契克森米哈赖将福流定义为"个人将全部注意和精神投入到某种活动中时所产生的忘我的状态"。在福流中，人们会体验到高度的兴奋和充实感。

米哈里认为，要产生福流体验，我们所从事的活动需满足三个基本条件：

（1）有明确的目标和清晰的规则，即我们知道该往哪个方向走，怎么走。

（2）能够建立即时反馈机制，即当我们做一个动作或采取一个行动时，会有反馈告诉我们做对了还是做错了。

（3）有挑战性的任务。任务不会容易到我们能轻易完成，也不会难到我们做不到，需要我们拼尽全力，发挥我们的潜力才能做到。

尝试通过写一篇文章、从事一项你所喜欢的体育活动或者学习一样技能来获得福流体验。思考你从事的活动是否满足了这3个基本条件。

多年后回望

离这本书初版才6年，却像是过了一个时代。这本书刚出版的时候，空气中弥漫着一种懵懂的躁动，人们对远方一直都有一种跃跃欲试的冲动。而现在，到处都在裁员，最能反映时代精神的词变成了"内卷"和"躺平"。在疫情和裁员的背景下，考公、考编、考研的人数年年都创新高，稳定的工作和生活成了这个时代的稀缺品。

从这个角度看，所谓远方，它最重要的含义不是"远"，而是"不同"。远方是现实生活的反面，反映的是我们内心的"求不得"。

这种"求不得"究竟会变成对生活可能性的向往，还是变成对现在生活的憎恶，全在人的一念之间。它集中反映在对琐事的心态上。

人为什么讨厌琐事？最表面的原因，是琐事琐碎而且不容易有意义。但更深的原因，是琐事常常是别人丢给我们做的。从社会关系上说，琐事代表的是强加给我们的无意义的分工。就像大卫·格雷伯在《40%的工作没意义，为什么还抢着做？——论狗屁工作的出现与劳动价值的再思》中所描绘的，它代表着资本对人的异化。从这个角度看，我们厌恶琐事，就是反抗这种异化。

但是，琐事也代表着对世界秩序的某种臣服，代表着从细微处入手安放自己的心灵，代表着用投入庄重的态度超越现实的琐碎，也代表着通过辛苦的劳作磨炼我们自己。

但前提是，我们接受琐事。

经常有人问我，该怎么应对琐事，就像有人问我，如何面对办公室的蝇营狗苟？有时候我会奇怪他们为什么觉得我有办法，也许是因为他们觉得一个心理学家应该有办法应对任何事。

我当然有办法。只是那是我的办法。我的办法就是把自己变成一个自由职业者，然后尽量只做自己想做的事。目前来说，这个办法还不错。但我也知道，我能用这个办法，有很多运气的成分。这些运气让我逃开了很多人去远方时将会面对的艰难。

去远方是艰难的，有时候要付出巨大的代价。我见过一个单亲妈妈，想去国外学心理学。她筹到了需要的学费，也申请了大学，可唯一的问题是，如果她要去，就必须抛下正读小学的孩子，让孩子的爸爸来管孩子，而事实上，为了挽留她，这个孩子已经表现出了各种问题。一方面是人的自我发展，那缥缈不定的前途，另一方面是关系的束缚，让孩子变成她去追求自我的代价，这是一个妈妈最大的痛苦。所有的人都告诉她要现实一点，你去读书了，孩子怎么办？她自己也经历了很多挣扎。所以她不停地问我："陈老师，我的选择没错吧？"

我知道她是想通过我的确认来求得一种安慰。问题是，我怎么能够确认哪个是好的选择呢？我既不是那个因为不能追求自我而受困于现实的妈妈，也不是那个因为妈妈要追求自我而承受相思之苦的孩子。最后我只好说："我也不知道什么选择是对的。只是无论别人怎么想，你都有资格为自己做出选择。做了选择，再来面对接下来的难题。"

远方的船票很贵，有时候风险也很大。但话又说回来，安于琐碎的现实，又何尝不会变成另一种风险，深陷"平静的绝望"而找不到自己的风险呢？

我见过另一个来访者，年轻时就是一个叛逆的文艺青年，喜欢哲学、诗歌、音乐，充满了对精神生活的向往和对世俗生活的不屑。

而她的先生是个踏踏实实的工程师，一开始就是他想要超越的世俗生活的一部分。她的先生对她很好，总问她"你要我做什么？"，但她知道，他并不懂她。两个人共同语言很少，最后到了一家人在饭桌吃饭都沉默不语的地步。所有的人都告诉她你先生多好，你太作了，你要现实一点，可她的感觉却又是自己在这段婚姻里非常孤独。她只能不断压抑自己的感觉，告诉自己也许是她错了。可是这种感觉又压抑不住。最后她决定离开，从那个家里搬了出去。

回顾这个历程，连我也变成了质疑她的一部分。我问她："为这些虚无缥缈的东西，在现实里碰得头破血流，值得吗？"

　　她忽然哭了。她说："这不是选择的问题。我没有办法放弃对那些东西的向往和追求，我没有办法放弃我的爱情、理想，哪怕我没有真的实现过它们。如果放弃了这些，我会觉得我背叛了我自己，我就不知道自己是谁。"

　　她决绝的样子，就像举着长矛冲向风车的堂吉诃德，固守理想化的碎片，而拒绝进入现实的世界。说荒谬，那也是一种荒谬。说英勇，那也是一种英勇。

　　也许，我们需要经历很多次理想世界的坍塌，才能达成跟现实的和解，才会发现，这个泥泞、混乱、充满不确定的世界，也有它的可取之处，不仅因为除了失望，有时候它也会给我们意想不到的惊喜，还因为它是我们唯一存在和拥有的现实。

第三章

理想与平庸

FIND YOURSELF AGAIN

FIND AGAIN YOURSELF

神有两种严酷对待我们的方式：一种是否定我们的梦想，一种是实现我们的梦想。

——奥斯卡·王尔德

我们一味追求不可能的事物，却使那些可能得到的东西变成不可能。

——罗伯特·阿德里

1. 接受平庸的那一刻

　　打从读大学那时起，我就经常被"不能变平庸"的想法折磨。说实话，有这个想法本身就挺平庸的。但那时候我并不这么想。我的眼前经常如弹幕般闪过一个个比我聪明、优秀很多的同学的名字，我觉得我得赶上他们，所以我一有空就去图书馆。可是背英语单词或者看专业书太累，我只好啃一些难啃的哲学书，从康德到黑格尔再到尼采。我经常趴在这些书上睡觉，一睡就是一下午。醒来的时候我想，嗯，我枕着黑格尔的书睡着了，一定又进步了不少。

　　泡图书馆其实挺孤独的。可那时候我大概觉得，孤独有时候也意味着特别，至少不是泯然众人矣的平庸。多年以后我才意识到，这可能是一种病——"平庸恐惧症"。

　　这些患者特别容易相信现在的生活不算，未来和远方才算；也容易相信生活中存在这样一条线，线的两端是两种截然不同的人生。也许它们真实的差距只有月薪8000元还是月薪10000元，房子买在距市中心40千米还是30千米，当搬砖工还是当泥瓦匠那么大，但在想象中，这种差距被扩大到泯然众人矣还是万众敬仰，骑电瓶车还是开法拉利，看《新闻联播》还是上《新闻联播》。而你在线的这头还是那头，取决于你现在选择的生活态度，是拒绝平庸还是甘于平庸。

他们不仅善于想象未来的生活，也善于想象别人的生活。在他们看来，别人的一点点进步，都是迈向线那头的明证，这让仍停留在了线这头的他们焦虑不安。

"平庸"这个词，有特别丰富的含义——你只要看它所对应的反义词就知道：奋斗、独特、理想、才华……这些词的含义，一半指向生活态度，另一半指向自我标签。所以接受平庸不只意味着停止奋斗或折腾，有时也意味着接受自己的限度，放弃虚幻的主角光环，承认自己只是一个普通人。可"普通人"对不同的人也有不同的意味。对有些人而言，"普通人"意味着过平静安稳的生活。对另一些人而言，"普通人"就意味着变成生活的配角、社会的底层，甚至处处不如人。如果是后者，要从平庸之苦中解脱出来，其实并不容易。

知乎有个问题：接受平庸的那一刻是什么情境？共有近10万人关注这个问题，有近千万的浏览量。关注者和回答者的数量都多得吓人。

我仔细看了这些答案，有说从小就习惯了平凡，觉得平平淡淡才是真的；有说意识到自己平庸是在梦想破灭后，带着绝望的悲悯重新寻找出路的；也有说自己因为接纳了平庸，心态变平和，不再抱怨环境、妒忌他人的……大部分答案都提到了一种踏实的感觉。在接受平庸的那一刻，他们并没有绝望，也没有放弃努力，反而更加踏实地回归了生活。在经历了一些事后，他们领悟到的道理是这样的：

"其实我们每个人心里跟明镜一样，清楚地明白自己原来就很平庸，只是心中有那么股执念和侥幸作祟，想着也许自己可以和别人不一样，可以走一条别出心裁的路，衣锦还乡，传为佳话。接受自己平庸的那一刻，便是把这股执念和侥幸彻底浇灭，不再妄想，不再希冀，认命了。

"那一刻，我不再与自己为敌，也不再与世界为敌。我开始以包容的眼光去看待这个世界，开始慢慢接受自己，开始尝试控制自己的情绪。但是这并不代表我会向这个世界投降。我仍然有着一腔热血。一切由自己的内心出发。

"越是平庸越要努力，越要踏踏实实从简单的事做起。天才'妖孽'俺比不了，那么就做个努力的平凡人呗，不要虚度一生。所以你看，不如索性把自己放低，也不用非要登上山顶成为最牛的那位。把每一步做好，你可以在平庸中变得不那么平庸。"

对于这些人，接受平庸所迈出的关键一步，不是放弃努力，而是放弃对自己的幻想，回归现实。

我们总有对别处生活的想象。可能有钱的生活就是比没钱的生活好，未来的生活就是比现在的生活好，别人的生活就是比我们的生活好。可对个人来说，无论现在有钱或没钱、正从事什么样的工作、跟谁结婚，你都只有一种生活，那就是你现在正在过的生活。别的生活只存在于幻想中，无论它是好或坏、平庸或不平庸，都没什么意义。

而当我们用平庸与否来思考生活时，我们不自觉地把生活分成了两种：一种是独特、有趣、宏大的，另一种是平庸无奇的。前一种是成功的，后一种是失败的。只有前一种人生才值得过，后一种人生不值得过。当我们用这种框架来思考生活时，会自动忽略那些重要的却无法被平庸或者不平庸归纳的东西。

我女儿还小的时候，每天我下班回家的点，她奶奶都会抱着她在楼下等我。她会一直朝我回来的那条路张望，远远看见我了，就开始咯咯咯咯地笑，使劲冲我挥手，等我走近了，凑过来让我抱。许多这样的生活小事，无关平庸或者不平庸，却是生活真正的滋味所在。

2. 你可以尝试先做一个"废物"

有段时间我在读一本书——《关于写作：一只鸟接着一只鸟》。与其说这是一本关于写作的书，不如说是一本如何处理写作中各种情绪波动的书。书写得妙极了，到处是闪闪发光的句子，透着贱兮兮的可爱模样。

在书的角落里散落着一个心理咨询师的故事。大意是说，有一位秃头、留大胡子的名叫阿诺的心理医生，跟一位有轻微抑郁症的年轻女作家和她的有轻度抑郁症的弟弟待在一起。阿诺给了他们心理方面各式各样有用的建议，都没能帮他们走出抑郁情绪。最后他放弃了，放下身段，学起了鸭子走路和嘎嘎叫，来逗他们笑。作者很偏爱这样的主题：一个完全没救的人恰巧遇见了某个陌生人，意料之外的这个人给了他短暂的鼓舞时光，并向他坦白："我也迷路了！可是你看——我会学鸭子叫！"

我也很偏爱这样的主题。虽然不会学鸭子叫，但我对迷路却很在行，无论是在真实意义上城市的复杂街道，还是在比喻意义上人生的十字路口。

这故事最吸引我的地方是，在迷茫和困境中，人们如何相互取暖。咨询师放下咨询技巧，病人放下了心理防御，彼此以人与人之间本能的关心和善意相处，以无可奈何的乐观精神相互温暖。当然，这并不意味着他们就此找到了出路，相反，承认没救了是这个故事最有趣的地方。既然完全没救了，我们也不用去想未来、前途或者出路之类的事了，就享受和欣赏这片刻的温暖多好。

关于怎么走出困境这件事，作家、现在也是心理咨询师的阿春老师有一个著名的"废物论"。无论你问的是"我该如何拒绝别人""我怎么克服拖延症"，还是"我怎么克服社交焦虑"，她都有一个统一的回答："就承认自己是个废物好了。"刚开始听到这种论调，我总觉得又消极又虚无，真是只有资深抑郁症患者才想得出来的解决之道。但最近我从这个论调中琢磨出了一些道理。既然你已经是废物了，所有的不堪都在意料之中了，你也不用再为什么事羞愧了。你可以毫无负担、理直气壮地去做你想做的事，不用再操心是否能做成了。

反正你就是个废物嘛！这多有安全感。就像上一个故事中，完全没救的人放弃了治疗，才会把目光放回到陪伴本身。

当然，要理直气壮地当废物，可并不容易。记得阿春老师来杭州办读者见面会，当时我是嘉宾。有个高中女生被她洗脑了，在问答环节，她站起来怯生生地问："阿春老师，我看了你的文章，我也想努力做个废物，可是每次都做不好。比如每次跑步没跑完，或者作业没做完，我都会非常焦虑，并不停地责怪自己。请问，怎么才能当好一个废物呢？"

后来我们和李松蔚老师讨论起这件事，李松蔚老师感慨道："唉，连个废物都当不好了，这得多废物啊！"

英伦才子阿兰·德波顿曾做过一个演讲，专门讲悲观主义的好处。他说，承认生活的本质就是受苦，人类的本质就是堕落，能增加我们对生活的忍耐力，提高我们的生活智慧。他觉得保持理智的最佳方法就是彻底掌握悲观主义。比如北欧的居民从不会因为下雨而愤怒，因纽特人也不会因为寒冷而失望，是因为下雨或寒冷再不舒服，也没有超出他们的预期——他们把下雨或寒冷这类情况当作生活常态。他说，如果我们降低对正常生活的预期，承认命运的反复无常，就会减少对生活的失望。

同样，如果我们降低对自己的预期，承认我们在很多时候无能为力，会不会也能减少对自己的失望呢？

这种说法让我想起诺贝尔经济学奖获得者、心理学家丹尼尔·卡尼曼提出的前景理论（prospect theory）。这个理论有两个重要观点。第一，人会尽一切努力规避损失。同样价值的事物，失去它们所带来的痛苦远比获得它们所带来的快乐来得强烈。为了规避损失的痛苦，人会做很多傻事。第二，什么是损失，什么是收获，并不是由绝对量的增减决定的，而是由"参照点"，也就是由你"跟什么比"决定的。

把这个理论套用到自我意识上，人总会为自己设立一个参照点，那就是自我期待。人也会通过和自我期待做比较，来判断自己是好还是坏。而"废物"和幻想中的"完美自己"正是参照点的两头。幻想中的自己越完美，你越容易受挫。越受挫，就越需要一个幻想中的完美自己来维护自尊，于是形成了恶性循环。

这时候，干脆承认自己是个废物，说不定还会很快发现，自己也有些不废的地方。比如，虽然你没按时完成作业，但至少你抄得挺工整。或者虽然你没去跑步，但至少你挑的跑鞋挺漂亮。跟废物相比，你浑身上下都是闪光点。

可是，一降低自我期待，人就会把它知觉为受损失了。损失就会带来痛苦，所以降低自我期待同样很难。

我经常遇到一些在别人看来生活得还不错，但充满挫折感的来访者。他们有些为自己硕士毕业只能找一个年薪二三十万元的工作而焦虑，有些为自己虽然考上了国内名校但没能在本科就出去留学而抑郁，有些为自己的爹妈虽然给自己买了房，但房子只值四五百万元，且没在西湖边而难过。虽然跟更多真正难的人相比，他们的难过多少有些矫情，但对他们自己来说，这种难过却非常真实。在高期待的绑架下，他们钻入了专注损失的牛角尖，怎么也出不来。

这时候，如果让他们承认自己是个废物，他们多半是不肯的。如果让他们想象可能有更糟的情况，他们多半也是不肯的，并觉得你瞧不起他们——明明他们配得上更好的生活。

更让他们难过的是，"我原本可以过更好的生活，现在却错过了"。无论错过的是恋人、赚钱的机会，还是一份好工作，这些从未得到过的东西都在幻想中成了异常完美的参照点，让人们沉溺在想象的损失中无法自拔。

这时候，我就会这样劝他们："就当你家经历了一场飓风，房子快被刮没了，房子里的东西也被刮得七零八落。你很伤心，这很正常。不过也许你愿意去房子里看看，看看里面还剩下些什么东西，哪些还能用，哪些能作为灾后重建的基础。"

我这么说的用意，原本是想制造一个参照点，让他们先承认损失已经发生了，再看看还拥有什么。不过，有些来访者会不甘心："可是我真的眼看就得到它了。怎么说没就没了呢？真的很痛苦。"

我只好说："自然灾害嘛，有什么办法，老天最大嘛。"

可是来访者又会问："这明明不是自然灾害，是我自己作死。如果我当初谨慎一点，明智一点，都不会这样。我恨透自己了。"

我看着这个生活在想象中的来访者，想想最近经常让我从睡梦中惊醒的自己的损失，不禁悲从中来。想了一会儿，我说：

"你听过鸭子叫吗？不如让我来给你学一段鸭子叫吧。"

3. 当"理想"照进现实

按： 当美好的理想遇到冰冷的现实，该改变自己还是顺从现实？如果要改变，能如何改变？后面的答读者信中想跟你探讨这个问题。

海贤老师：

您好！

关注您很久了，一直想给您写信，可又不知道怎样才能描述清楚我内心的困惑。现在，我想把给您写信的想法变为行动，也借着这封信，理一理自己乱糟糟的思绪。

我的问题是，我对自己的工作很迷茫。我不喜欢现在的工作，又不知道新的工作在哪里。对现在工作的厌恶，对寻找新工作的焦虑，对自己的极度不自信，让我喘不过气。

我是一个26岁的女生，名校毕业快4年了。毕业时，顺利进入一家世界名企，一年后因为接受不了工作占据太多时间（大概是这个原因吧，我自己也理不太清楚了）而选择离职。之后，尝试考研，可并没有完全投入。快两年的时间没有收入，社交停滞，家庭发生变故，前路迷茫。对自己的选择和能力的怀疑，让我情绪几度失控。我开始重新找工作，想着第二份工作我一定要好好干。工作找得并不顺利，可好歹最后还是找到了。

对于现在的工作，我讨厌它。我希望赶紧从这份工作中脱离。这份工作所需要的资源，我压根无法提供。一些违背原则的事情，我很抵触。我在这里，并没有长久发展的可能和意愿。在这份工作上我坚持了一年，坚持的原因更多是怕太折腾后简历不好看，对自己的职业生涯有不好的影响。当然，也因为我也并没有找到新的理想的工作。

对于下一份工作，我很迷茫，不知道自己能做什么，想做什么。我明明很想换一份新工作，却在无止境地拖延。我发现毕业四年，自己根本没有擅长的领域与技能，觉得自己什么都不会。特别羡慕那些知道自己喜欢什么，然后投入去做的人。打开各种求职网站，我就头痛。因为我不知道自己的目标，我连把简历投向什么样的工作岗位都不清楚。一想到找工作，我就心烦、头痛、焦虑。

毕业四年，快"奔三"的年龄，两份工作，近两年的空白。我觉得自己一无是处，毫无资本和能力立足社会。我也想找到自己的兴趣所在，并投入去做，却在"你连自己都养不活了，你有什么资本去喜欢、去投入"，"你毫无经验，从头开始的话，你上大学所学的还有什么意义"的想法中避而远之。

理想的我，能全心投入自己喜欢的工作。现实的我，却只能勉强做着一份养活自己的工作。我为不能改变现状而烦躁，更为活了二十几年还这样浑浑噩噩、一无是处而懊恼。我总怀疑，如果是别人，一定会处理得比我好。我讨厌这样的自己。我想救救我自己。

谢谢您抽出宝贵的时间读完这封信。期待您的回复。

雨雨雨

海贤老师：

您好！

我现在做着一份不喜欢的工作，它就是我生活的全部。从这份工作中，我得不到任何成就感，有的只是拖延、焦虑和"终于又完成一点"的短暂的放松。不知从什么时候起，我觉得自己什么都做不到。一点点困难，都会在我的消极情绪中被放大，让我不知所措。

但以前的我不是这样的。那时的我，单纯、自信，感觉自己什么都能做到。那时我文笔不错，作文经常被当作范文。不像现在，经过几年工科培训，连日记都写不通顺了。那时的我很爱读书，对政治、哲学、法律、外国文化都很感兴趣。不像现在，一年都读不完10本书。那时的我精力充沛，每天学习十几个小时停不下来，不像现在，一天中有精力做事的时间不超过几小时。那时的我勇敢果断，什么事都想尝试，不像现在，想做什么事会先想到这样那样的困难。我的世界在不知不觉中变得危机四伏。可理论上不该是这样的啊！我以前也没生活在月球上啊！

　　每天我都在不断自我反省。有时我对自己说，这是因为你做的不是自己喜欢的工作，只要找到喜欢的工作就能摆脱这种状况。但是在梦里，前男友对我大喊："你根本没有努力，你只是想逃避责任！"是的，我现在很难长时间专注在应该做的事上。我的专注力、自信、意志力都大大下降了。我没有办法努力，也无法改变自己的状态。

　　突然我意识到，是我把自己变成这样的。就像您说的，意志力的存在，是为了承担责任和应对挑战。而在这个过程中，意志力又得到了锻炼，就像肌肉一样。长期不使用意志力，什么都不想做，只会让意志力退化，渐渐地，就什么都做不到了。我就是这样退化的。

　　意识到这一点后，我感到无法遏制的悔恨和伤心。如果未来还要这样度过，那真是太可怕了。一个人迫于现实，做一份自己不喜欢，也得不到成就感的工作，最可怕的不是做不好，而是它可能完全改变一个人。现在的我缺乏意志力、自信，精力也很有限，想要做到什么都很难。我想这就是答案。

　　可是，这个答案会不会只是我的一种幻想？幻想换一份感兴趣的工作，我就能打起精神，重新变回以前的自己。

　　说到这里，我好像已经有了答案。也许您也经常遇到说着说着，自己就找到了答案的情况。我不能在现在这样的生活中停下来。我必须去寻找、尝试和改变。尽管还有些害怕，我必须开始做点工作之外不是很困难的事，一点点来恢复我的自信和意志力。我不会立即放弃现在的工作，但我会试着找实习、兼职，甚至去参加一些考试。我要去做这些，就像此刻的我给您写这封信，不再担心被质疑、被否定一样。

祝好！

Momoc

雨雨雨、Momoc：

你们好！

我惊讶地发现，我的邮箱同时收到了两封信，相似得如复制、粘贴一般。也许你们在不同的城市做不同的工作，但诉说的却是相似的烦恼。我考虑了很久究竟选哪一封回，最终决定把这两封信同时贴出来。既然缘分如此神奇，我就应该把这种巧合呈现出来，好让你们看到彼此，并知道这个世界上有此烦恼的人，并不止一个，也不止你们两个。

前段时间，我遇到一个人，30多岁吧，以前一直在经商，现在是音乐人。他从大学就开始组乐队，一直梦想以音乐为生，但遭到了父母的反对。他父母都是大学教授，觉得玩音乐是"不务正业"，以死相逼，让他放弃。后来他如父母所愿，开起了公司，成了商人。公司还算成功，最多的时候也有两三百人，日子过得顺风顺水。可内心深处，始终有一些东西，让他隐隐觉得不痛快。

在35岁那年，他一哥们儿患了尿毒症，原来好好的人，忽然就不行了。走之前，那哥们儿把他叫到身边，跟他说，人生苦短，你还是应该去做自己想做的事。等那哥们儿一去世，他立马卖掉了公司，找了个音乐制作人，开始组乐队，做专辑。

如今他出了两张专辑，不算混得太有名，但我也经常能在国内几个音乐节上看到他的名字。他的音乐就普通水平吧。但他坐在我面前跟我聊这些，整个人通透极了。

我问他当商人和当音乐人有什么区别。他说："以前我当商人的时候，跟人介绍自己，说我是某某公司的老总，心是很虚的。我出入商务场合，总要再三给自己壮胆，才能劝服自己我属于这里。但我当了音乐人以后，就再也没有这种感觉。我跟别人介绍说自己是做音乐的，一点都不别扭，心里坦荡极了。"

这大概就是"本该如此"的意思。我知道，这故事有点像鸡汤，但它就真实地发生在我们身边，提醒着我们，成为更好、更真实的自己是有可能的。

你们的信其实都在说一个重要的话题：我们有没有资格奢谈理想。

没错，这个社会是很现实的。好的资源总是有限的。社会分工总会把一部分人摁到让人喜欢不起来的工作中。虽然我们也会反复劝诫自己要努力踏实，干一行爱一行，但白天碌碌无为的拖延和焦灼，半夜醒来后不知身在何处的空虚，都会准确无误地提醒我们，自己正在虚度光阴、浪费生命。

而一份糟糕的工作最糟糕的地方，是它会让我们怀疑自己的能力，让我们觉得自己只配得上这么一点。

你们都有名校的背景，见识过好的，就更难忍受坏的。名校背景拿到就业市场说事，恐怕会被老板和HR耻笑。他们笑不是没有道理。学校不是就业市场的金字招牌，更不是通往光明前途的通行证。它什么也保证不了，却在你们内心里种下了骄傲的种子。这种骄傲，无论经历什么样的生活挫折，都无法磨灭。

该怎么评价这种骄傲呢？如果不是有这些不甘平庸的理想，你们也不会有这么多的迷茫、挫折和自我怀疑。可是如果没有这种骄傲，你们也不会这么固执地想要成为更好的自己。

我自己换过好几次工作。每次换工作都经历过很多痛苦和迷茫。有时候我也会问自己，为什么不能停下来，安心做一份普通的工作？

后来我想到了。在西方的宗教传统里，死去的人会受上帝最后的审问。套用这个审问，我总觉得，在我生命尽头的那一天，上帝会来找我谈话（我没信教啊，就这么随便一说）。他当然不会问我，你挣了多少钱、住多大的房子，毕竟他不是聊家长里短的隔壁邻居。他大概会问我："你有没有辜负我给你的生命？你有没有尽你所有的努力，来发挥你的才能，实现你的潜力和价值？"

我大概会答："是的，我曾错过很多，也曾犹豫退缩，但我已经倾尽全力，从未放弃。"

上帝会说："那么，证明给我看。"

那时候，我大概拿不出什么让人骄傲的成绩。即使有，在上帝面前，那也微不足道。但是，我会展示我的伤疤，那些焦灼的、犹豫的、悔恨的、拖延的、挣扎的、沸腾的、犯傻的，让人辗转反侧、难以入眠的夜，随着时光又慢慢平息的痛。我会把这些展示给他看，骄傲得如同展示一枚勋章。

我会说："我已倾尽全力，这就是证明。我曾为理想所伤。"

现在，你们也正为理想所伤。无论普通人有没有资格奢谈理想，我们都已经谈了。而理想，也早已在我们身上刻下烙印。

一份理想的工作到底是什么样的？我相信自我决定论（self-determination theory）的说法，理想的工作应该满足三个条件：安全感、胜任力和自主性。简单说，就是物质上有保障，能发挥才能和潜力，还能自己决定一些事。可是看现在的社会条件，理想的工作太稀少了，所以才需要不断寻找。

我总有一份乐观的确定，觉得你们最终会从不喜欢的工作中脱离出来，找到一个理想的归宿。无论是一年、两年，还是三年，无论一波三折，还是一帆风顺。虽然你们现在看起来有些迷茫、浮躁、自我怀疑，但这些迷茫的背后有骄傲在。这种骄傲不会允许你们一直做一份无法带来成就感的工作。

既然这是确定的，那我们就可以暂时把"能不能从这份工作中离开"的焦虑放下，从容地研究一下该如何度过这段过渡时期。无论过渡时期有多长，对一个确定的结果而言，它都只是过程的差异。

你们喜欢读小说吗？大部分小说中的主角在练就绝世武功，成为盖世英雄之前，都有一段去一个憋屈的环境中受气的经历。

比如郭靖还没出生，父亲就去世了；杨过遇见小龙女之前，要在非常不待见他的全真教生活一段时间；哈利·波特去霍格沃兹上学之前，要先在姨妈家受些欺负。

为什么作者要安排这样的情节？

因为如果这些故事里的人，不懂生活的艰辛，就不会有渴望。如果没有渴望和追求，他们的成功也就没有意义。

现在，你们的人生正处于这样的故事情节中。在未来的路在你们眼前展现之前，你们至少可以先想想，这段艰苦的生活想要教给你们什么。也许你们会觉得，如果我不那么迷茫、那么自我怀疑，我就能看清这段生活的奥义。我觉得恰恰相反，迷茫和自我怀疑正是这段生活的艰难所在，也正是它的意义所在。

为了搞清楚这段艰苦生活的意义，在过渡期，你至少可以问自己两个问题：

1. 假如我在将来找到了一份理想的工作，我能从现在这份工作中学到什么？

大部分能力都可迁移，既然我们已经打入了"敌人"内部，总得偷师学艺，才不亏。

2. 假如我将来找到了一份理想的工作，我今天所能迈出的最小的一步是什么？

所有的转变都需要很长一段时间的酝酿期。迈出最小的一步并不容易。哪怕是很小的一步，也需要我们突破自己的心理舒适区。这一小步无关成功，只关行动。而你现在的工作还给你发着工资，正好让你大胆去尝试。

至于从工作中学到了什么，如果那不是有用的经验，至少我们要学到一种东西：忍耐的能力。有时候我们需要在忍耐中磨炼心性，直到新的自我水落石出。

祝早日成为理想的自己。

陈海贤

4. 你是在努力，还是在模仿努力

按：对于一个很晚才起步的人，努力意味着什么？究竟该怎么努力，才是正确的姿势？后面的答读者信中想跟你探讨这个问题。

海贤老师：

您好！

我今年28岁，本该是一个小有收获的年纪，却一事无成。我很晚才醒悟，很晚才确定自己的事业，很晚才开始努力奋斗。我感觉自己之前都白活了，没为未来做一点累积。这让我有些恐慌，甚至脑海里会经常浮现将来某天在街边流浪的画面。

我这个岁数才起步，确实很吃力，恐慌和焦虑如影随形。我每天下班回家后就开始学习，直到深夜。每天睡6小时左右，没有周六、周日，因为都去上培训班了（不是考研）。每次学习我都很开心，不觉得累。

我是个有耐力的人。最近发觉自己很害怕休息。我把大目标分成小目标，制订各种学习计划。有时候，晚上学习效率低了、犯困了，或者因为别的事情耽误了学习，我就会很沮丧，会惩罚自己，觉得自己又在浪费生命。

我现在可是一个浪费不起时间的人啊！

本来起步就晚，比我有能力的人比我更年轻，还更努力。我没资格玩。谁叫我在更年轻、该努力的年纪不认真呢！

有时我觉得自己的目标遥不可及，是自己太天真才不放弃。意志消沉时，我经常想：这么奋斗，如果猝死了，也挺好的，可以解脱了。可同时我又觉得自己弱爆了，讨厌自己这么容易沮丧。想想那么多创业者都比我苦，比我压力大，自己只是没习惯奋斗，抗挫力太差了。这才努力多久啊，以后这样的日子还长着呢。

我认真想过：我基础差，喜欢的行业竞争太惨烈，我很可能不会成功。但我就活这么一次，一定要做自己喜欢的事。而且我是个重过程的人，做喜欢的事时可以沉浸其中，很开心，没什么杂念。

我还是太着急看到自己努力的成果了，哪怕一点点成就也好。我想尽快给自己喜欢的人以好的生活，觉得自己现在能力不够，不能给任何人爱的承诺，觉得自己可能要孤独一辈子了。但同时我也知道，这事完全急不得。我问自己：在当下，到底要做些什么才能让自己比较满意？每天像打了鸡血一样奋斗，不浪费一点时间，这样还能坚持多久呢？

最后，我想请教您：一个年纪偏大的、起步晚的人，如何在一个漫长的、希望渺茫的奋斗过程中好好生活？我明白应该要活在当下，过好每一天，可总会有绝望的时候、懒的时候、颓废的时候，我该怎么度过这些时候呢？在这个高速发展的时代里，跟着自己的节奏走，能得到幸福吗？

希望能得到您的回复，谢谢！

Joy

Joy：

你好！

我很好奇，在你28岁的年纪，究竟发生了什么，让你从"一事无成"的过去中幡然醒悟，开始了"打满鸡血"般奋发图强的人生？是你读了成功学的书，还是喜欢上了一个美好的姑娘，无法自拔，为了赢得她的芳心，立志要成为一个更好的人呢？最后一个猜想当然最靠谱，可是以你现在的生活状态，每天只睡6小时，没日没夜地学习，也没时间谈恋爱啊！难道是暗恋……

你现在很"努力"，"努力"到一休息就会沮丧。我觉得，你多少有点像用"努力"在跟生活赌气。

在我们的价值体系中，"努力"是一件无比正确的事。可是人们"努力"的动机不同，效果和感受也会不同。

我以前看过一篇老罗（罗永浩）的文章，回忆他的青春岁月。那时候他高中毕业，没继续上学，一边摆地摊，一边学英语，在迷茫中苦苦寻找自己的未来。为了不让自己懈怠，他经常读成功学的书，据说读一本就能"打一周鸡血"。他就是通过这样的努力完成了知识的原始积累。

前段时间我又看到一个老罗的访谈，讲他创业的心路历程。老罗已不再是一个迷茫的翩翩少年，变成了一个成熟的中年大叔。访谈中他讲的是锤子手机创业期间，遭遇了产能不足、质量瑕疵、发货滞后等问题，市场的骂声和笑话声不断。那段时间老罗整日整夜在公司加班，甚至一个月都不回家，据说头发白了不少，人自然也更胖了。

除了一如既往地"打鸡血"，你觉得老罗这两段努力的经历，有什么区别？

我觉得，在前一段经历中，年轻的老罗不仅很努力，而且很需要"自己很努力"的感觉（你猜是为什么？）。在后一段经历中，老罗不会再关心自己努力不努力了，估计他也不想让粉丝们这样为他辩护："你们不要黑他，你们知道他有多努力吗？"他只想把事情做成。

让我再举个例子：A老师在创立他的商业帝国之前，是努力过一段时间的。当他厘清了自己的商业逻辑之后，为了赶时间窗，他没日没夜地工作，没少头悬梁锥刺股。在他眼里，实现金光闪闪的目标最重要，努力只是实现这个目标的方法。可以说，A老师关注的不是自己是否努力，而是能否实现目标。

B老师看到了A老师的成功。他也想像A老师那样实现财富梦想和人生价值。出于各种原因，他暂时没找到创富的路。但他看到A老师经历了一段头悬梁锥刺股的努力过程，于是误把这个成功的必要条件当成了充分条件。他想："虽然我还不清楚创富的道路在哪里，但头悬梁锥刺股这事我会啊！"

他开始拼命努力，读书、听讲座，参加各种培训、学习班，不让自己休息。为了让努力更像那么一回事，他甚至还为"努力"创造出一个目标来。虽然他心里也不确信这个目标是否能实现，但是他想："我正在经历转变，而努力会给我带来人生的逆袭。"

他当然也关心目标。但因为还没找到自己的路，目标无法给他明确的反馈。他关注更多的，只能是努力本身。

B老师还有一个朋友叫C老师。C老师最近状态不太好，深陷拖延，还有些颓废。C老师看到B老师努力起来状态不错，他也希望自己能像B老师那样积极。于是他也学着B老师去图书馆、听讲座、参加各类培训……但C老师本人对这些其实不感兴趣，他只是希望自己能振作一点。于是，每次读完一本书或者做完一点事，他就会打着"我已经挺努力了，所以应该犒劳下自己"的幌子给自己放个假或者偷个懒。C老师爱做计划，爱宣誓，只是这些计划和誓言通常都做不到。

和B老师不同，C老师当然也想努力，但他更想要的，是"努力的感觉"。他需要用这种感觉来安慰自己"我正振作起来呢"！

所以你看，从关注目标实现到关注努力，再到关注"努力的感觉"，努力逐渐变成了"对努力的模仿"。人们想要"努力"，仅仅因为努力看起来像是那么一条路，一条能拯救他们的路。

那么，困住他们的，又是什么呢？

大概是庸常无聊的生活，缺乏成就感的工作，卑微渺小的自己，每天在熙熙攘攘的人流中，内心会升腾起的疑惑：为什么我要在这里，跟这些人做这些无聊的事？这样生活的意义到底在哪里？疑惑生起的时候，我们忙不迭地用"努力的感觉"编织起意义和希望的外衣，用它来遮住虚无和沮丧。但这件衣服太小了，有时候，遮不住的虚无和沮丧还是会冒出头来。我们却误以为，是因为我们努力不够，才这么焦虑。

生活的意义在哪里？对于这个沉重的问题，其实我也没有确定的答案。但既然这是个沉重的问题，我们就无法省略艰难的寻找过程，轻易给出答案，仅仅是因为我们特别需要有这样一个答案。无论我们是10岁、28岁，还是48岁，都是如此。

祝早日找到你心中的答案！

陈海贤

5. 你爱的是兴趣，还是兴趣背后的成功？

按：你有没有幻想过有个兴趣爱好来拯救自己的平庸，却总是陷入"三分钟热度"？后面的答读者信中想跟你探讨这个问题。

海贤老师：

您好！

一直以来，我都很羡慕那些拥有自己的兴趣爱好并能全身心投入的人，总感觉他们专注投入的时刻闪闪发光。有人热爱学英语，愿意每天早上6点起来，朗诵英语；有人热爱跑步，一年365天除了下雨、下雪，可以每天坚持奔跑10千米；有人喜欢摄影，可以在山里寒冷的夜晚通宵不睡"蹲点"拍摄星空。

以上三件事我都干过，但可惜的是，我并没有像他们那样坚持。6点早起永远坚持超不过一周；跑步也是三天打鱼两天晒网；拍星空，蹲守到凌晨2点的时候就回去睡觉了。确切地说，我觉得自己就是一个只有"三分钟热度"的人，很容易因为好奇被一件事物吸引，但在仅仅了解了它的皮毛之后，又会迅速抽离。小时候练书法练了两年没能坚持下去，喜欢拍照但又嫌麻烦懒得去学PS（图像处理软件），喜欢的书和电影很少会看第二遍。现在对自己所学的专业也是如此，从最开始的主动去图书馆找书，到现在面对堆积如山的文献，没有一点兴趣去读。

　　我不仅对学习是"三分钟热度"，对朋友和喜欢的人也是如此。刚开始接触，我总是怀着巨大的热情，努力表现自己的友好，但相处一段时间后，又会慢慢冷淡，逐渐远离。

　　之前在TED上看过一个演讲，讲的是生活中的"多面手"。多面手拥有极强的学习能力、转换能力，永不满足的好奇心，他们往往是工作中的创新者。与他们对各个领域都有巨大的热情和投入不同，我似乎只满足于浅显的了解和表面的喜欢。我似乎永远都在寻找一个刺激点，而一旦深入接触这个刺激点，就会逐渐产生厌倦感。我想要的，或许只是一种体验，一旦获得了这种体验，就不愿意再去面对它背后更为琐碎的工作和深层次的思考。

　　有时候，我会觉得这样的状态也不错。多尝试尝试新鲜的事物，多去一些地方，看各种风格的书和电影，看奇思妙想的展览。但在更多的时候，我都处于困惑和自我怀疑当中，尤其是别人问我将来想从事什么职业的时候，我很焦虑，也很害怕。我害怕自己永远也找不到一份能唤起我的热情、激情，并能让我持之以恒的事业。也或许，我仅仅是不愿意面对自己的懒而已。

　　非常渴望得到您的回复。祝好！

正在迷路的小太阳

迷路的小太阳：

　　你好！

　　你可能高估了兴趣爱好的价值。你所看到的那些每天早起朗诵英语的人、每天坚持跑步的人、在寒夜中"蹲点"拍摄星空的人，他们能够坚持，不是因为他们有这样的兴趣爱好，而是因为他们有忍受枯燥的能力，至少在习惯养成的初期如此。

在我们这个时代，兴趣爱好是一件被过度美化的事。人们想象它，就像想象爱情，只会想到花前月下的浪漫，不会想到柴米油盐的平淡。兴趣爱好常常被当作激情、活力、坚持，乃至成功的代名词，以至于有人一旦觉得自己过得不好，第一反应便是：我没有找到自己的兴趣爱好。其实他们真正想的是："我听说兴趣爱好有诸多好处。它能让我更投入、专注，让我的生活充实、幸福，让我做事毫不费力而且技能飞涨，所以我想发展一种兴趣爱好。"

这种思维背后，是另一种精致的利己主义，只不过这种思维把目标从"成功"或"财富"替换成了"兴趣爱好"，但同样执着于兴趣爱好的"有用"。强调"有用"，正是精致的利己主义的特征。而有时候，兴趣爱好恰恰"无用"。

兴趣爱好很像是一个聪明、貌美又富有的姑娘，追求她的人很多，向她献媚的人也不少，但真正了解她和爱她的人却并不多。对于兴趣爱好，你越是向她索取什么，她偏不给你什么。你只有臣服于她，奉献于她，有一天她才会给你一些意外的惊喜。这背后考量的东西很俗，却很真实，就是，你到底是真的爱她，还是只想获得她的美貌与财富，她能感觉到。有时候，为了考验那些追求她的人，她还会刻意把自己打扮成贫穷寒酸的丑丫头，就像郭靖第一次见到的黄蓉一样。

所以你应该问问自己，你是爱这些兴趣爱好呢，还是爱她能给你带来的好处？如果兴趣爱好无法带给你好成绩、好工作、好生活，甚至无法让你看上去与众不同，你还会爱她吗？

爱源于了解。如果你不愿意深入了解你所做的事，每件事都浅尝辄止，你就不会真的爱它们。

爱也很纯粹。金庸的武侠小说里有很多高手，但绝顶高人是一位扫地僧，这并不是偶然。对其他高手来说，武功高强意味着拥有功名利禄、江湖地位，至少也有行侠仗义的能力。但对一个不问世事的扫地僧来说，武功真没什么用，跟日常扫地没啥区别。正因为"无用"，他才能心无旁骛，不用焦虑自己要练得多快多好，他才能坚持得久，他的成就才高。

生活并不总是充满激情和乐趣。如果你没办法通过找到某个兴趣爱好来寻找激情，不如就做你现在能做的最简单的事，并把它当作一种修行，就像僧人早起诵经扫地，农民下田插秧，工人开动机器，学生背诵英语，匠人戴上眼镜摆弄起手中的工具。你可以说，他们在做他们有兴趣的事，也可以说，他们只是在生活。

这种生活，需要我们去忍受简单和枯燥，沉下心来，愿意停留在所做的事中，成为一个再平凡不过的普通人。任何高超的技能，都需要经过长期枯燥的刻意练习。这种枯燥的训练，不是简单的时间堆砌，还要我们去反思、总结，去亲近我们所做的事，了解它背后的机理。有些事，是我们做着做着，才成了兴趣爱好的。即使这样，也不要期待这些兴趣爱好会让你看起来毫不费力，只是，它们会让你的付出有意义。

除此之外，你可能还需要一个师父。我觉得扫地僧可能是有师父的。因为要度过枯燥的瓶颈期，光靠自律是很难的，还需要一种信任和托付的关系，需要一种氛围，也需要反馈和点拨。以前，无论是学武、读书、唱戏，还是学做木匠，母亲都会把孩子带到师父面前，行磕头大礼。母亲会说，孩子以后就托付给师父了，要打要骂，悉听尊便。师父知道这托付背后的意义，它关系到孩子的前途，甚至生死。于是，徒弟参与师父的生活和工作，师父教授徒弟技能。无论是这种亲密关系，还是在亲密关系下传授技能，都透着庄重和神圣的味道。师父的教和徒弟的学，自然也都格外用心。匠人精神、师徒关系和技能学习其实是一体的。今天没有师父了，技能学习都搬上互联网了，方便是方便了，但没有这种人际关系，人恐怕很难坚持和专注。

祝一切都好！

陈海贤

思考
与
实践

思考一下

1. 在哪些事上，你会跟别人比较？在哪些事上，你从未想过要跟别人比较？

2. 你上一次专心致志地努力发生在什么时候？你是怎么做到的？

3. 假如在生命尽头，上帝来问你"你有没有辜负我给你的生命"，你会怎么回答他？

4. 如果经济完全自由了，你想要做些什么？

5. 你现在所做的事中，如果不能带来任何外在的回报，哪一件事是你想坚持的，哪一件事是你想放弃的？

6. 你上次体会到成就感是因为什么事？如果让你再去做一件类似的事，你会做哪一件？

实践一下

1. 认真做一回体力劳动

相比于脑力劳动,体力劳动更需要身心的全面投入。

无论是干农活、修车、洗车,还是打扫,以全身心投入的方式,认真做一回体力劳动。

2. 记录每天发生在你身上的三件让你感恩的事

感恩练习是一种引导注意、塑造思维的方式。感恩能够帮助我们从比较和竞争的思维中解脱出来,更关注人与人、人与事之间的联结。感恩也能帮助我们从匮乏的思维中解脱出来,更多关注我们自己所拥有的东西。

找一个本子,每天睡觉之前回忆发生在你身上的三件让你感恩的事。这三件事可以很小,也可以很大。可以是关于人的,也可以是关于事的。如果这件事有原因,写下这件事发生的原因。把它当作一个习惯,持续做八周。

3. 制订一个五年计划

想象一下:五年以后,你希望自己从事什么样的工作? 生活会有什么变化？工作技能会有哪些提升？在与家人、爱人或朋友的关系上，你希望自己跟谁在一起？

（1）分别从工作、生活、关系的角度列出三个目标。目标需要具体明确、积极正面，能让你在五年以后清晰地检验这些目标。

五年之后，我希望自己能在工作上做到：

a.＿＿＿＿＿＿＿＿＿＿＿＿＿＿＿＿＿＿＿＿＿＿＿

b.＿＿＿＿＿＿＿＿＿＿＿＿＿＿＿＿＿＿＿＿＿＿＿

c.＿＿＿＿＿＿＿＿＿＿＿＿＿＿＿＿＿＿＿＿＿＿＿

希望能在生活上做到：

a.＿＿＿＿＿＿＿＿＿＿＿＿＿＿＿＿＿＿＿＿＿＿＿

b.＿＿＿＿＿＿＿＿＿＿＿＿＿＿＿＿＿＿＿＿＿＿＿

c.＿＿＿＿＿＿＿＿＿＿＿＿＿＿＿＿＿＿＿＿＿＿＿

希望能在关系上做到：

a.＿＿＿＿＿＿＿＿＿＿＿＿＿＿＿＿＿＿＿＿＿＿＿

b.＿＿＿＿＿＿＿＿＿＿＿＿＿＿＿＿＿＿＿＿＿＿＿

c.＿＿＿＿＿＿＿＿＿＿＿＿＿＿＿＿＿＿＿＿＿＿＿

（2）思考完成这些目标的具体途径和方法。这些途径和方法同样要切实、具体。

为了完成这些目标，我需要在工作上：

a.＿＿＿＿＿＿＿＿＿＿＿＿＿＿＿＿＿＿＿＿＿＿＿

b.＿＿＿＿＿＿＿＿＿＿＿＿＿＿＿＿＿＿＿＿＿＿＿

c.＿＿＿＿＿＿＿＿＿＿＿＿＿＿＿＿＿＿＿＿＿＿＿

需要在生活上：

a.＿＿＿＿＿＿＿＿＿＿＿＿＿＿＿＿＿＿＿＿＿＿＿

b.＿＿＿＿＿＿＿＿＿＿＿＿＿＿＿＿＿＿＿＿＿＿＿

c.＿＿＿＿＿＿＿＿＿＿＿＿＿＿＿＿＿＿＿＿＿＿＿

需要在人际关系上：

a.＿＿＿＿＿＿＿＿＿＿＿＿＿＿＿＿＿＿＿＿＿＿＿

b.＿＿＿＿＿＿＿＿＿＿＿＿＿＿＿＿＿＿＿＿＿＿＿

c.＿＿＿＿＿＿＿＿＿＿＿＿＿＿＿＿＿＿＿＿＿＿＿

（3）思考完成这些目标可能遇到障碍。

在实现目标的过程中，我可能会碰到这些障碍。

在工作上：

a.＿＿＿＿＿＿＿＿＿＿＿＿＿＿＿＿＿＿＿＿＿＿＿

b.＿＿＿＿＿＿＿＿＿＿＿＿＿＿＿＿＿＿＿＿＿＿＿

c.＿＿＿＿＿＿＿＿＿＿＿＿＿＿＿＿＿＿＿＿＿＿＿

在生活上：

a.＿＿＿＿＿＿＿＿＿＿＿＿＿＿＿＿＿＿＿＿＿＿＿

b.＿＿＿＿＿＿＿＿＿＿＿＿＿＿＿＿＿＿＿＿＿＿＿

c.＿＿＿＿＿＿＿＿＿＿＿＿＿＿＿＿＿＿＿＿＿＿＿

在人际关系上：

a.＿＿＿＿＿＿＿＿＿＿＿＿＿＿＿＿＿＿＿＿＿＿＿

b.＿＿＿＿＿＿＿＿＿＿＿＿＿＿＿＿＿＿＿＿＿＿＿

c.＿＿＿＿＿＿＿＿＿＿＿＿＿＿＿＿＿＿＿＿＿＿＿

（4）思考克服这些障碍的方法。

我可以通过这样的方式克服这些障碍。

在工作上：

a._____

b._____

c._____

在生活上：

a._____

b._____

c._____

在人际关系上：

a._____

b._____

c._____

多年后的回望

重读这一章，最让我惦记的，还是这几封读者的来信。6年过去了，也不知道他们过得怎么样，有没有找到当初他们想要的自己？回过头来，他们又会怎么看待当初自己的那份困惑？

以前我以为，青年时期是人一生中最动荡的时期，缺少经验，却要做人生中非常重要的决定：从事什么职业，跟谁结婚，选择什么样的生活……现在我觉得，其实动荡是周期性的，中年时期也会有。甚至很多年轻时为了先"上岸"，走了最容易的路的人，工作了几年，又重新寻找自己。所谓理想，就是寻找自己的旅途中的信号，在跟现实结合之前，它们是很微弱的，时隐时现。这样，你会迷惑：如果遵循现实的指引，你只能走大部分人走的路，那条路不仅很"卷"，而且和你的内心没有那么深刻的联系；如果遵循理想的指引，你会被带进荒野，甚至不知道自己要面对的是什么。而更难的是，我们一直想要在理想和现实之间寻找一个平衡，既害怕丢失理想，又害怕失去世俗的成功。

前段时间我一直在读约瑟夫·坎贝尔的书——《英雄之旅》。他说，在某个特定的时期，每个英雄都会听到对他们的召唤。他们需要响应这种召唤，才能开始他们的旅程。他在一个女子大学教了很多年书。回顾这么多届的学生，他说那些响应召唤的学生，在后面的生活中也会表现出更多的创造力，取得更高的职业成就，而那些只是遵从规则的学生，则会逐渐平庸。

对于他的这段评论，我的心情有些复杂。一方面，我同意他的看法，这也是我总结自己和身边的人的境遇时所能看到的经验。另一方面，我也深知理想会带给人焦灼。有时候我就像一个热爱孩子的老母亲，一方面，知道他们非要吃很多苦、经历很多波折才能磨炼自己；另一方面，又希望他们能过得顺一点。

这一章的几封读者来信，也反映了这种焦灼。我曾经遇见过一个年轻人，在国外学艺术设计，回国后却不容易找到对口的工作。她热爱这一行，可是又必须为现实考虑。

我问她："如果你不能从事艺术设计会怎么样？"

她顿了顿说："我会死。"

"死"是一种隐喻。每个理想背后，都有一个我们憧憬的可能的自己，如果我们不能为可能的自己在现实中找到容身之地，如果我们不能推动他的诞生，那他就会死去。理想也会变成一个遥远的念想，一种隐隐作痛的失落。

"自我"也是一种隐喻，它指的远不是我们自己，而是一个更大的群体，就像一个年轻人告诉我："陈老师，我希望能够成为一个咨询师，因为我希望能够帮助他人，能够探索复杂的人性，能够跟那些有思想的人谈话，就像你一样。"

我明白他的意思。当我在寻找自我的时候，我首先想到的也是我要成为一个"像谁那样的人"。就像在荒野里的游民，寻找着某个部落，渴望这个部落的收留。

"收留"也是一个隐喻。我经常跟很多人讲，虽然我做很多事，但我最看重的身份认同，其实还是一个心理咨询师。这种身份认同不是一开始就有的。就算我一直学心理学，在很长一段时间里，我也仍然摇摆不定，找不到自己的部落，因为我训练不够，缺乏体系和标准。直到我遇到我的老师。虽然她有很严格的要求，她对我讲话的反应永远都是从"不是"开始的，但正是这种严格的要求，锻炼了我的思维方式，给了我最重要的身份认同。这种身份认同是以技能为纽带的。而我也知道，这个技能背后，是我跟师长，以及更深广的专业人员的联系，是一种他人永远无法剥夺的自我。

这也是我为什么说在寻找自我的过程中，你需要一个老师。她（他）是熟悉那个部落的人，能带你去那儿。

关于理想和现实，我还有最后一段话，分享给大家。那是我在知乎回答一个名校毕业生的话。他问我是否该遵循自己的理想去写小说。

我回答他说："我当然支持你毕业以后就写小说。并不是因为你写小说一定会成功，而是因为这个世界对聪明和有才华的人其实还是友善的。你能考上海外的Top学校（那一定很难吧），年纪轻轻就有这么多同龄人无法想象的远游经历，你已经完成了一部小说，连修改小说都是去澳洲的某地，这足以证明你很优秀，有不少资源。对聪明的人来说，怎么选其实都不是问题。别说你毕业以后去写小说，你就算不毕业去写小说，也不是什么大事。也许你能成为著名的小说家，也许不能。也许你比别人更快达到目标，也许会比别人多走几段歪路。这些都不重要，只要你上路了，你总会到达自己想去的地方，找到你在这个世界上最合适的位置。

"前段时间我在读一本叫《性格的力量》的书，是讲美国教育的。书写得很有温度，字里行间都能看出作者对美国教育的关切和使命感。作者叫保罗·图赫，原来是《纽约时报周刊》的编辑，为了能专心写这本书而辞职了。不过，这并不是让人动容的地方，最让人动容的是，作者通篇都在讲教育界该如何努力来减少大学生的辍学率，最后却忽然讲到，原来自己当年也是从哥伦比亚大学（后文简称'哥大'）的新闻系辍学的，因为追随嬉皮士，觉得人生应该多一点反叛和可能性。作者会不会后悔辍学？并没有。虽然我觉得他的辍学经历和他对美国教育的关切总有些联系。我想，他把这段经历当作自己独特的命运了吧，况且最后他还是回到了主流社会，还是做起了大多数哥大新闻系毕业生会从事的记者和编辑工作，还写了这本书。

"我是说，辍学当嬉皮士这么大的歪路，作者都能绕回来，毕业写小说的风险要远比这个小，你不需要太担心。

"我担心的一点倒是，你现在有些激动，态度特别决绝，孤注一掷。这样你就把自己的选择和牺牲看得太重了。

"你处于巨大的激情当中。人做艰难决定的时候，很需要这种激情来推自己一把。它让我们有力量，但有时候也会让我们看不清现实。

"最容易扭曲的现实是，激情让我们觉得自己像是个对抗世俗的英雄。为了让这个英雄故事更完整也更壮烈，我们很容易给自己制造一些假想的敌人，也容易夸大我们所面对的苦难——英雄总是在战胜这些敌人、承担这些苦难中成长起来的。只是，实现理想本身已经不易了，我们并不需要额外的敌人和苦难，尤其这个敌人不能是'生活'，除非这是你的小说需要的素材。选择'写小说'其实也没有那么难，没有难到要隔绝所有的生活，不成功便成仁的地步。至少你曾经的那些经历，在我看来就比选择'写小说'难。

"当你说大多数人都逃不过现实时，你有点把现实生活当作自己的敌人了。它并不是。就像一艘帆船要上路了，看到自己和目标之间隔着茫茫大海，就误把大海当作阻隔自己和目标的敌人。而实际上呢，它能载着你去那儿。

"如果你和理想之间也隔着现实的大海，不要因此怨恨大海，也许，它能载你去那儿。"

所以，不要怪现实把你和理想隔开了。找到你自己的那条船，它就能载你去那儿。

第四章

匮乏与不安

丰盛之法贯穿整个宇宙，却不会流经以匮乏为信念的通道。

——保罗·扎特

天之道，损有余而补不足。人之道则不然，损不足以奉有余。

——老子

1. 你究竟是缺钱还是缺安全感

就"贫穷会导致判断力下降吗？"这个问题，有个网友分享了他自己的故事。

这位网友小时候家里很穷。少年时代，父母又相继过世。家里还有一个哥哥和一个弟弟。上大学时，他的学费要靠亲戚和刚上班的哥哥接济，生活费则要靠自己做家教、写文章挣，生活非常困顿。因为贫穷，他放弃了当导演的梦想，早早开始工作，努力挣钱。为了能挣更多的钱，他变得短视，不停地在各个互联网公司之间跳来跳去。他说："那时候，只要别人给的薪水比现在的高，不管是高500元高还是1000元，我都会毫不迟疑地跳槽。我面对的，往往不是耐得住耐不住贫穷的问题，而是多100元总比少100元要好得多的问题。"

因为频繁跳槽，他失去了好几次真正摆脱贫穷的机会。这些机会只需要他放弃挣扎，安心等待就可以得到。他待过的好几家公司，要么上市，要么被收购，如果当时继续待着，他也很可能因为期权而身家千万甚至上亿，但他等不了。多年以后，他总结说："如果把我走过的这40年比作一场战争，那我就是一支一直粮草不足的军队，做不了正规军，只能做胸无大志、不想明天的流寇了。"

这位网友无疑非常努力、上进，在他的圈子里也很厉害。可就是这样的人，在年轻时也没能摆脱贫穷的影响，这真让人唏嘘。

贫穷是怎么带来匮乏的？匮乏大部分是从"不安"开始的。这种"不安"变成了内心里最深刻的印记。

如果说人的大脑有一个关于匮乏的报警器，早期的匮乏会让这个报警器变得敏感，而当下的、将来的或想象中的匮乏又会变成触发警报的信号，让大脑处于一片慌乱之中。大脑兴师动众地组织救火，却常常发现自己只是在应付一只冒火的垃圾桶。久而久之，大脑里的这支消防队就会极度疲惫，人也很难沉下心来专心做事，谋划未来。

匮乏会俘获我们的注意力。一个常年吃饱饭的人，偶尔饿一顿，可以心安理得地把饿一顿当作减肥。而一个常年挨饿的人，会因为挨饿而恐惧。这种恐惧会让他把所有的注意力都集中到搜索食物上。同样，一个穷人，也会只想着挣钱，不顾其他。

行为经济学家塞德希尔·穆来纳森和埃尔德·沙菲尔在《稀缺》中指出，长期的资源匮乏会导致大脑的注意力被稀缺资源俘获。当注意力被太多稀缺资源占据后，人会失去理智决策所需要的认知资源。他们把这种认知资源叫作"带宽"。"带宽"的缺乏会导致人们过度关注当前利益而无法考虑长远利益。一个穷人为了满足当前的生活，不得不精打细算，没有任何"带宽"来考虑投资和发展事宜。而一个过度忙碌的人，为了赶截止日期，也不得不被那些最紧急的任务拖累，没有时间去做真正重要的事情。

所以，匮乏并不只是一种客观状态，也是一种心理模式。这种心理模式的核心是，太想脱离匮乏的情境，导致人们对匮乏的资源过度焦虑，这让人们失去了做更理智、更长远的规划的能力——这本来能够更有效地解决匮乏问题。

这像是一个悖论：要解决匮乏问题，我们要先放下匮乏，去感受某种程度的丰盛。可是我们身处的匮乏塑造了我们匮乏的心理模式，让我们无法去体验丰盛。

匮乏的心理模式还有社会文化的基础。要知道，穷远不只意味着物质上匮乏，更意味着社会等级低。我们害怕穷的标签，不仅是因为物质的匮乏，更主要的是担心因此被看作社会底层、失败者，没有希望，被人看不起。这会加剧认知"带宽"的匮乏。

怎么破解呢？既然匮乏是一种心理模式，如果我们没有办法在经济上给自己找出路，我们至少可以先从心理上给自己找出路。

我在佛学院教心理学的时候，上课的学僧大都是一些出家人。他们没有很多钱，也没有"钱越多人越有价值"的想法。因此，物质匮乏很少让他们产生困扰——既然有饭吃、有地方睡，还要求什么呢？

　　他们的办法，是通过破除"占有"的观点，来消减"穷"或"富"的分别。同时，打坐的练习能让他们通过对当下的觉察，来增加感官的丰富性，体会当下的丰盛。

　　虽然我们很少有这样的环境和机会去做禅修，但我们也可以通过练习体会局部的丰盛，来消除贫穷所带来的匮乏感。感恩练习，就可以理解为一种禅修。这种刻意练习，通过不断提醒和感知我们的拥有，来改变我们头脑的匮乏模式，再深入扎根到某些事上，获得一点突破，再获得一点突破。

2. 时间的匮乏和计划

　　现代人不仅"穷"，而且"忙"，所以才有人把这两个字放在一起，叫"穷忙"。"忙"是另一种匮乏，时间的匮乏。我发现，越忙的人，越容易为自己安排各种事情，制订密密麻麻的计划，也越容易让这些计划流产。

　　有一次，我去一个公司做讲座，有个年轻人和我交流说："我现在工作很忙，经常加班，我不是太喜欢，希望能在业余时间做一些积累，提高自己的竞争力，为将来换更理想的工作做准备，所以我制订了很多目标和计划。为了让自己精力更充沛，我计划每周去三次健身房。我们公司经常有外派出国的机会，因此为了学好英语，我买了很多英语教材。同时，我还通过读很多不同领域的书，来提高自己的知识水平和综合素质。我的计划很详尽，包括每周几点到几点去健身房，每天背多少个单词，每隔几周读一本书。可每天我一回到家，刷刷手机、浏览一下网站、打打游戏，时间就不知不觉地过去了。我觉得自己有拖延症，请问怎么才能有所改进？"

我问他："那为什么一定要订三个目标？不能先订一个吗？"

"可是，这三个都很重要啊！"他急切地说。

我从他脸上看到一种焦灼。那是处于匮乏之中的人特有的焦灼。他每天工作都挺忙的，回家后已经很累了，不想做别的事，这也在情理之中。可是他不甘心。越是缺少改变的时间和精力，他越急切地想要改变。这时候，"计划"就适时地出现了。与其说这种计划是用来实现的，不如说它是用来缓解焦虑的。计划提供了一种希望，就像为困于"现实的枯井"的人们垂下的一根绳索。绳索的那头，连接着与现在完全不同的生活和自己。我们想牢牢地抓住它，却发现它很虚幻，根本无法带我们脱离困境。

为什么我们宁可要宏大的计划，也不想要微小的进步？因为只有宏大的计划，才有缓解焦虑的作用。而微小的进步，虽然真实，却需要很长时间的积累，才会带来真正的改变。

"很长时间！"

那些处于匮乏中的人，一定在心里这么嘀咕过。他们缺的，正是时间。他们不相信时间，也因此失去了时间可能带给他们的东西。

3. 爱的匮乏和孤独

在所有的匮乏中，爱是最基本的，也是最特别的。如果拥有爱，金钱和时间的匮乏都可以被缓解。而如果缺少爱，金钱和时间的匮乏就能把我们压垮。当我们失去了爱，我们就失去了与这个世界联结的接口。

很多金钱和时间的匮乏，也是从爱的匮乏中衍生而来的。孩子最初并不知道喝米汤与喝进口奶粉、在农村与在繁华都市、住集体宿舍与住豪华别墅的区别。他们对世界的感受仅限于当他们渴了、饿了，有没有人来满足他们；当他们需要时，有没有人能够提供温暖的怀抱。可糟糕的是，如果一个处于匮乏中的养育者是焦虑的，他需要为孩子明天的奶粉发愁，他就没有足够的心力去照顾孩子的情绪，缺少情感照顾的孩子就会因此得出这个世界匮乏的印象。

缺爱会让我们孤独，会怀疑自己存在的价值和意义。为了缓解痛苦，孤独的人有时候会去追求一些短暂又混乱的关系。即使遇到了合适的人，我们也很难跟他们发展健康而长久的关系。

我们容易讨好，害怕失去，我们会压抑自己的需要，不敢轻易表达。当需要压抑到一定程度，委屈又会爆发。亲密关系就在这种长久的患得患失中不断反复，当关系破裂时，人们又会重新陷入孤独。

我曾收到一封读者来信。信里说：

我对被爱的执念，已经狂热到了我自己都无法理解的程度。比如，就算和我没有丝毫关系，但是一看到类似"很高兴能够遇见你""会一直守护着你"这样的话，我都会无法抑制地哭泣，然后会因为没有人对我这么说而陷入忧郁。我渴望接触，到了连骚扰都不会拒绝的地步。在理发店洗头的时候，或者被算命之人触到手心的时候，我都会无比激动。

我不主动追求别人，但即使我厌恶的人对我说"喜欢你"，我也会忙不迭地接受，然后变得不像自己，猜忌对方，永远无法满足于对方给予的爱。为了留住这个我不爱的人，我可以做第三者，容忍背叛、羞辱，甚至扭曲自己的性向。然后，这些关系每次都以我无比疲惫、不堪重负、提出分手而告终。

最令我困扰的是，越是面对我在乎的朋友，我的态度就越消极：懒惰、暴躁，出尔反尔，然后哭着请求他们原谅，周而复始。我的朋友努力表达她的确爱我（友谊之爱），但我从未相信。事实上，"她爱我"不过是我用来缓解自己的忧郁、厌世的借口而已；这句话就像一根救命稻草，在我彻底崩溃时我才会抓一把，然后继续在水面上挣扎。因为这种不确定感，我掌握不好和她之间的关系。我对她无比依赖，嫉妒她身边所有的人，甚至嫉妒她本身的优秀和善良。这种卑劣的心态，让我越发怀疑自己是否还有好好爱人和被爱的希望。

她是一个处于爱的匮乏中的人。一方面，她渴望任何形式、来自任何人、出于任何动机的"爱"；另一方面，她又怀疑自己是否配得上这样的爱。所以她总是遇不到对的人，即使遇到了，也会因为过度亲近而让别人不安，或者因为被抛弃的焦虑而与别人远离。正是对爱的匮乏，加剧了孤独。

4. 因为匮乏，所以逃离

匮乏无处不在，正如罗伯特·麦基老师在《故事》中所说：

现实的精华就是匮乏，一种普遍而永恒的欠缺。这个世界上的一切东西都不够人们受用。食物不够，爱不够，正义不够，时间永远不够。

…………

即使我们有了足够的钱、时间和爱，我们找到了和这个世界和谐相处的方法，安宁很快变成无聊，无聊很快会变成一种新的匮乏，欲望的匮乏。

现实的稀缺已经让人难受，伴随匮乏而生的焦虑和不安更让人雪上加霜。身处匮乏中的人，总是想要逃离匮乏。但有时候，逃离不仅无法解决匮乏，还会加剧匮乏。于是，他们常常陷入这样的循环：

匮乏—摆脱匮乏的痛苦和焦虑—无效的逃离—匮乏的维持和加剧。

如果要摆脱匮乏，在找到真正的解决之道之前，我们至少要试着寻找到一种合适的、与痛苦经验相处的方式，让我们能够摆脱痛苦所带来的不假思索的逃避行为。这种安于痛苦的能力，就是拓展我们"带宽"的能力，进而能为我们审视和选择自己的行为，赢得空间。当我们能够和匮乏的焦虑相处时，当我们更愿意待在此时此刻时，我们反而更能放下"无效的逃离"，做出更符合长远利益的选择。

从某种意义上说，你能在多大程度上能接纳自己的匮乏，就有多大的思考和行动的自由。

也许有人问，可是，匮乏的困境依然存在啊？

没错。可面对同样的暴风雨，一个有经验的水手会因为了解暴风雨产生的规律，根据暴风雨的方向和强度调整航行的船只，从而减轻风暴的影响。

此外，既然匮乏的特征是缺少"带宽"，我们也可以通过减少"带宽"来缓解匮乏。比如，考察生活中的哪些决定会消耗认知资源，通过自动选择来减少"带宽"。比如，减少无意义的选择和决策，培养简单的生活习惯。同时，有意识地创造盈余，比如，存一笔钱作为储备金，或者每周强迫自己休息一天，无论这段时间有多忙。这也许并不能帮我们很快摆脱匮乏的状态，却能让我们的头脑清醒，不被匮乏支配。这些是我们在匮乏中所能做的，最好的事。

5. 纠结与匮乏

按：匮乏总是伴随着纠结和完美主义。身处匮乏中会让我们觉得，自己所拥有的东西太少，所以犯不起错误，经不起浪费。后面的答读者信中，探讨了如何通过设立固定的决策程序，减少纠结，从而节约决策的认知资源。

海贤老师：

您好！

我有一个困惑，想向您请教：为什么我总是反反复复，经常会质疑自己的决定，后悔自责呢？

我来举几个例子：

在准备TOEFL（托福）考试期间，我换过3本单词书，一会儿觉得这本好，一会儿又觉得那本好，最后，纠结的我甚至连单词书都不敢碰了。

对感情，我也是纠结！一会儿觉得女朋友很好，一会儿又觉得两人不合适。闹过好几次分手复合，已经不是一般情侣的打打闹闹了。

我定闹钟也总是改来改去，一开始定到早上7点，由于某些原因上床太晚或没能像预期的那样很快入睡，又会改回8点。改回来以后，还会重新考虑，还是7点吧，明天的计划不能变。可过了一会儿又想，还是8点吧，休息好比按计划行事更重要。

一个周六的晚上，有同学打电话叫我去K歌，我说不去了。挂掉电话，我又开始纠结了：好不容易有同学叫你去K歌，机会难得，是不是应该去呀？不去的话，同学会不会不高兴啊？算了，还是不去了，去了，会回来很晚，明天还有事情要做呢。

这些纠结，浪费了我很多的时间和精力，让我苦恼，也让我觉得，自己没有主见，什么都安排不好。

其实我发现，当我选定了一个方向，然后去投入专注地执行，我会感觉好受许多，特别是当过程顺利的时候。可一旦过程不顺利，我就会怀疑自己当初做了错误的决定，并开始后悔。

有时候，我看着路上南来北往的人，看着图书馆里进进出出的人，看着别人眼睛里、笑容里洋溢的欢乐和热情，我感觉所有的人都有自己明确的方向，有他们要去做的事情。而我，总是生活在纠结中，不知道该何去何从？

我该如何面对，或者接受并和我的纠结和谐相处呢？纠结的滋味好难受！

期待您的回复……

祝好！

迷茫者

迷茫者：

你好！

读完你的信，我多少也有些郁结。你在信中描述的那些纠结拉扯，即使旁观者读来，也会有些胸闷气短，更何况深陷其中的你呢！

你听说过布里丹毛驴的故事吗？在《拉封丹寓言》中，这头虚构的驴被置于与两堆距离完全相等的干草垛中间，因为始终无法决定选择哪个干草垛，最后被饿死了。

跟你比起来，这头驴幸福多了。它面临的好歹是两堆美味诱人的干草垛啊！而你纠结的那些选项，有没有哪怕一丝一毫吸引你的地方呢？

你陷入了心理学里的所谓"双避冲突"。你纠结在两个你都不喜欢的选项里，却一定要逼自己选出一个喜欢的选项来。你不想考托福，却非要选本单词书来啃；你不想被闹钟叫醒，却非得纠结于闹钟7点响好还是8点响好；你根本不想跟这批人出去玩，却非得纠结要不要去K歌……

我觉得，纠结的本质是匮乏。一来，正因为现实没能给我们提供一个我们真正想要的选项，我们才需要纠结。二来，匮乏也会让我们觉得，我们资源有限，无论在时间、金钱、精力还是友情上，都不能犯任何错误，浪费一丁半点。哪怕是最小的选项，也事关大局。

从你的犹豫看，你显然把这些小选项当作意义重大的东西了。你内心大概会生出这样的想法：也许选对一本托福单词书，我就能成功出国了；也许选对一个女朋友，我就能幸福一生了；也许跟朋友去K歌，我就变得受欢迎了；再也许，如果我坚持把闹钟定到7点，我就变成那个雄赳赳、气昂昂，有超强执行力和意志力的人了。

问题在于，这些所谓大的选择，都是你用虚幻的逻辑堆砌出来的，它们跟你纠结的小事，并没有直接的联系。

而你却在这种纠结中，确确实实地浪费了你本就稀缺的认知资源。你想要用有限的认知资源，去反复推演、计算生活的每个细节，以便更好地掌控生活。就像用一台256M内存的老式电脑去运行像AlphaGo（阿尔法围棋）这样的人工智能机器人，通过模拟生活，推演确定答案。

你这么纠结，不是因为你没有主见，而是因为你太有主见了。我总觉得，要生活好，我们需要给那些我们既无法掌控，又十分敬畏的东西留下空间——你可以叫它神、命运，或者简单点，叫它运气。但你却试图把握这些不确定的东西。你大概不相信，这些东西会站在你这边。

其实，我也不是什么有神论者。生活到底是随机的产物，

143

还是"运气"、"神"或者"命运"这类神秘意志的产物，谁知道呢。我拿"神"出来说事，完全是出于节约认知资源的考虑。我才不愿意相信我的命运居然是由我选对了一本托福单词书来决定的！这也太自大了！而万一我遇到了某些挫折或不幸，我倒是愿意相信这是神或命运的安排。这可以减轻我的心理负担。这样想，我就能欣然把我的认知资源省下来，去做我该做的事了。所以古人说，尽人事，安天命嘛。

如果这样说还不能让你放心，我想建议你为自己建立一个固定的决策程序，这种决策程序是为了让"神"显灵来帮你决策，你需要先焚香沐浴，虔诚祷告。

然后，你抛一枚硬币。

你要相信，这枚硬币并不是你抛的，是神让你抛的。这样抛硬币才会有效。你抛完了硬币，比如说吧，是正面。如果你对结果满意，对神的决策感激涕零，那没错了，这就是神的信号。如果你对结果有些犹疑，想着要不要再抛一次，那不用抛了，直接选相反的选项，那也是神的信号。要知道，神可是很调皮的，给信号的方式也是多种多样的呢！

那万一选择不对呢？那也是因为他自有安排！"神"最大嘛，他负全责，你又担心什么呢？

也许你心里的小人儿还会忍不住争吵不休。其中一个会说："信神，信神没错的！"

另一个会说："哪儿来的神，都是陈老师骗人的鬼话，你还是要为自己的人生负责啊！"

当他们争吵的时候，你不需要参与，只需要平心静气听他们吵。你不要帮腔，不要拉偏架，也别去当法官。如果他们争吵的声音实在太大了，打扰你学习了，你可以把声音调低一点。

这两个小人儿吵了这么多年了，可也许你并不知道，他们其实是一对欢喜冤家！别看他们平时吵得凶，其实他们恩爱得很呢！而你，作为这对夫妻的邻居，再怎么样，也不该冲过去说"妻子说得对！"或者"丈夫说得对！"或者"都闭嘴，别吵了！"。

另外，关于完美主义，我喜欢的一个作者，写《关于写作：一只鸟接着一只鸟》的安妮·拉莫特曾说：

"我认为完美主义的基础，是一味相信只要自己的步伐够小心，稳稳踏在每个垫脚石上，就不会摔死。但实情是你终究难逃一死，而很多完全不看路的人甚至比你做得好太多，也从中获得许多乐趣。"

我们都难逃一死，这个事实既让人失望，又安慰人心。有时候我会这么安慰自己：跟这个更长远的、已经确定的结果比起来，生活中经历的短暂的不确定性，实在太渺小而不需要去费力计较了。这么想来，那些我们很难忍受的纠结，也变得容易忍受了。

希望这也能安慰到你。祝生活愉快！

陈海贤

6. 怎么摆脱穷人思维？

按：有时候，匮乏的印记会让我们看不到自己的资源，即使我们明明会有更好的未来，也会隐隐不安。匮乏既推动着我们努力，也让我们一直处于焦虑之中，无法放松。后面的答读者来信中，探讨了如何在匮乏的状态下面向未来，心怀希望。

海贤老师：

您好！

我总觉得自己很穷。其实没穷到吃不上饭的地步，父母的条件能让我衣食无忧。我对穷的体验是：买东西，永远在看打折的、促销的，淘各种物美价廉的东西；吃饭，哪怕是外卖，也不会选偏贵的那几种，总是挑物美价廉的；看到高档的护肤品、化妆品就心塞，自己只能搜平价护肤品。有时很满足，有时又觉得很羞愧。

这好像是一种习惯。我其实偶尔也有奢侈一下的时候。昨天妈妈给我买了件1500多元的大衣；跟有钱的朋友出去，我们也会开心地去高档餐厅吃；偶尔我也会买很好的口红……可是那种穷的感觉，还是深入骨髓。一到很高档的地方，一见有钱人和高级的东西，我就有一种羞耻又窘迫的感觉。每当这时候，我总会不断地告诉自己，穷不是错，我也可以很坦荡，只要诚实、善良、努力。这样想，羞耻的感觉会少一些。我知道我应该努力，改变这个现状，可是我总做不到，所以，我总是很自责。

我父母学历低，收入也不高，但是非常节省，对我非常宠爱。我所享受的一切，都是父母节省下来给我的。他们尊重我所有的选择，支持我，因为他们觉得他们自己不懂，所以相信我能做出合理的选择。他们不舍得我受苦受累，没有人逼我学经济和金融，没有人逼我去打工、去实习、去赚零花钱，大家都特别爱我，让我做我喜欢的事情。一方面，我觉得好幸福、好自由；另一方面，我又觉得好没有动力。有时候，我甚至极端地想，如果我的父母特别坏，特别贪得无厌，要我赚钱养家，我周围的人都特别看不起我，我也许会更有斗志、更拼？但是我自己也觉得这样想好傻，估计真的受这些苦的人看我这么想，会很想打我。

我的人生很平顺，从小成绩好，读好学校的最好专业，拿奖学金，现在在读研究生。我从来没有拼尽全力去做过什么，反而感觉一直在逃避挑战，逃避需要拼杀的场景。我怕自己拿了一手好牌，最后却倾家荡产。

有朋友可能会说，那你就做你喜欢做的事情啊。在任何行业，只要你一直坚持，就会走到金字塔顶。我也一直这样安慰自己。可一想到自己可能要等十年以后，才会比较富有，那时候父母都五十好几了，觉得他们好辛苦。我自己年轻的时候，不享受那么好的物质，我觉得我还可以调整好心态，可是对父母的心疼和亏欠让我好难受。

我怕父母老去，怕爸爸累坏身体，还没等到享我的福，就溘然辞世（对不起啊，爹）……我觉得妈妈那么美，我好想让她在四十多岁的时候，穿特别美的衣服，用特别好的化妆品，特别幸福，特别幸福。

那些收入颇丰的行业，我总是不想尝试，说自己不喜欢、不适合。我以为我选择了我最喜欢的行业，可是我觉得自己不够努力，不够拼。我也的确在这条路上一直走着，旁观的人都以为我在努力。可是我自己总觉得不够。我好责怪我自己，好怕自己最后一事无成。那么多成绩优异的人，他们都越走越好，可是我觉得自己好像明明有一手好牌，却在大家的宠爱下自我放纵，对自己没有要求，最后变成一个碌碌无为的人，我好害怕自己最后变成这样。

我好羡慕别人不想那么多，就坚定地做自己该做的事情。可是我老是被这些想法紧紧缠绕，动弹不得。

希望您能回复我！谢谢！

八字眉眉眉

八字眉眉眉：

你好！

你所说的穷的感觉，我也有过。记得本科毕业那年，我和一个朋友到上海找工作。那天下午，面试结束，我们到南京路逛街。看着路两边富丽堂皇的商场，里面光鲜亮丽的人群，就是不敢进去。中午，我们终于在离南京路不远的小弄堂找了个小饭馆，一边吃盖浇饭，一边议论上海的繁华。我听他悻悻地说："那边的商场都是有钱人逛的，希望以后我们也能去里面消费。"

现在，他已经在上海安了家，买了套挺大的房子。我也早已在杭州安家。我们很少去逛大商场，不是因为不自在，而是觉得浪费时间。贫穷留下的印记，大概只剩下我参加他婚礼时，看他穿了套特别"板"的正装，衣冠楚楚的样子，忍不住笑出声来。

前段时间，我在知乎看到有个叫Dingole的"知友"讲他的故事。这位"知友"的父亲原来是包工头，后来被骗，家里负债累累。他初中毕业后就在社会上混，被骗做传销，在小饭馆当服务员，挑过水泥，开过升降机，学做厨师，用借来的钱开过小饭馆（倒了）。

等他混到20岁的时候，有亲戚介绍他去工厂上班，工资800到1500元，这无疑能极大地缓解家里紧张的经济状况。但他父亲愣是抵住了压力，不仅没让他去做工，还借钱送他去学当时还是新鲜事物的电脑。这对他们家而言，不啻一场豪赌。

最后，凭着他爸爸的眼光和他自己坚持不懈的努力，他以初中学历，从学DOS（磁盘操作系统）和五笔（输入法）起步，学编程，参加程序员考试，做培训老师，修电脑，战战兢兢得到第一份程序员的工作，成为主力程序员，成为技术总监，跳槽到大公司，跳槽到更大的公司，到微软（公司），创业，创业失败，第二次创业。如今，家里不仅还了所有的债，父母也有了自己的房子，家人过上了优渥的生活。

我看完后，除了感慨人生的际遇起伏，最大的感觉是：他其实不是穷，他只是那时没钱。

"没钱"也会让人不安。但我总觉得，"没钱"和"穷"并不一样。一个真正的穷人，常常思考的只有现在——不是怎么满足当前的愿望，就是怎么渡过当下的难关。他仅有的见识和资源，让他没有富余去想别的。但一个没钱的富人，无论怎么困窘，心里都会藏着未来。

同样，我也想跟你说，你不是穷，你只是现在没钱，但你有未来。

你在读好学校的最好专业，这个专业是你感兴趣的。无论你现在怎么想，在未来，这个选择的价值会逐渐凸显。我看到过太多人，因为选了自己不感兴趣的行业，人到中年开始艰难地转型。你还有家人，他们虽然无法给你太多指导，但他们爱你、信任你，愿意帮你分担压力。不要低估爱的力量，这是很重要的财富。

如果有一个人，愿意跟你交换，让你把名校背景、喜欢的专业、通情达理的父母折算成金钱换给他，他出多少钱，你会愿意跟他交换？

你不是没有未来，你的问题是对未来有些急不可耐。因为穷过，你比别人更怕输。不管有没有险恶的敌人，你都需要自己紧绷着神经，一直处于战斗模式，只有随时看得见进步，你才会心安。

所以努力，于你就有了特别的意义。你的努力，不是为了达到某个具体的目标，而是为了摆脱你内心的不安。你不知道自己要去哪里，你也不知道要怎么去，但你知道自己不想要这种不安。你觉得，在你努力的时候，内心的不安就会减轻一些。于是，"努力"就变成了一种强迫症。你害怕自己懒惰，害怕失去动力。你甚至想象，如果情况更糟一点，比如父母逼你赚钱，或者周围人都看不起你，也许你会更有动力。

可是，如果你只有抽象的方向，没有具体的目标，只要努力的结果而不想要努力的过程，这种努力就无法持续。更何况，你现在强迫自己所做的努力，对平息你内心的不安来说，没有意义。

你想要的，不是这种迷茫中无序的努力，而是像"知友"Dingole那样，在生存的底线上演绝地反击，在充满激情的拼搏和奋斗中感受活着的意义。可是你忘了，他最初想奋斗的目标，就是以你现在所在的位置，轻而易举能够得到的东西。

刚刚我帮你"私信"请教了一下Dingole，我问他："你是怎么在绝境中保持专注，而不让自己胡思乱想的呢？"

他说对那时的他而言，是"向往"，是对成为一个程序员的向往，也是对一个美好的、不一样的未来的向往。我想，他说的"向往"，应该就是希望吧。

那么，你的"向往"是什么呢？

差点忘了说了，在Dingole最初学打字的时候，他的"向往"，是到办公室当一个打字员，"一个月能挣2000元呢"。

我知道你会对父母有些歉疚，觉得他们那么辛苦，自己那么懒惰，对不起他们。你要知道，每代人有每代人的活法，你并没有懈怠，只是你努力的方式跟他们不同。他们最想要的，也并不是穿美丽的衣服，用好的化妆品，而是你一切都好。

除此之外，我还想给你两条具体的建议：

1. 过一种简化的生活，并把它当作一种美德。重点不是省钱，而是不要为选择"物美价廉"的东西浪费你的脑细胞，它们理应用在更重要的地方。

2. 每周强制自己休息一天。旅游、看闲书、和朋友聊天，怎么都行，但不要待在宿舍。重点是无所事事。与努力相比，你其实更需要闲暇来释放焦虑。

希望能对你有帮助。祝开心！

陈海贤

思考与实践

思考一下

1. 在你的印象中,什么时候你觉得自己最穷?

2. 在你的印象中,什么时候你觉得自己最富?

3. 最近一个月,你最缺的是什么?这种匮乏如何影响了你?

4. 你有哪些资源,即使有人想用你所缺的东西与你交换,你也会断然拒绝?

5. 如果已经拥有了所缺的东西,你会做些什么来避免自己再次陷入匮乏?

6. 你怎么才能为自己的匮乏创造一些认知盈余,比如攒一笔钱备用或每周安排固定的时间休息?

实践一下

1. 培养容忍匮乏的能力

正念的练习通过观察和体会情绪，来弱化情绪和行动之间的联系，增加对匮乏的容忍能力，减少匮乏导致的冲动行为。

最简单的正念练习，就是观察自己的呼吸。你可以深深地吸入一口气，再缓缓地呼出一口气。仔细体会空气进出鼻腔的感觉，通过对呼吸的关注让心灵回归当下。

也许你所处的情境非常艰难，甚至一团糟。先别忙着逃离，试着简单地跟这种艰难或一团糟的窘境相处。当你的思维混乱时，回到当下这一刻。允许自己平静地看待窘境。

也许你会产生不确定感，或者焦虑感。这种感觉并不舒服，它会让你想做一些事以从这种感觉中逃离。

如果你感受到了逃离的冲动，深呼吸。允许这种不确定感和焦虑感停留在这里。观察这种情绪。观察这种情绪引发的冲动。

如果我们能真实地体验这种混乱和不确定感、焦虑感，这种体验和观察本身就能帮助我们达至明朗。

如果我们能切实地理解这种冲动，就会知道这种冲动只是人想从焦虑中逃离的本能，并不是问题的解药。

而我们有一个真实的锚点，就是呼吸。如果思维和情绪让我们混乱，随时回到对呼吸的关注上来，这能带我们回到当下的清明。

2. 培养制造盈余的习惯

培养制造盈余的生活习惯。如果每个月有固定开支，比如房租、水电之类，在银行卡或支付宝开通定期扣款功能，防止这些常规的付款信息带来匮乏的焦虑。

如果你缺时间，除了必要的休息，每周留出一个下午，作为机动时间，并把这当作工作计划的一部分。这半天时间专门用于应付计划外的事情、紧急的事情和因拖延没做完的事情。

3. 建立从简的决策程序

如果有两个选项让你犹豫不决，很可能这两个选项对此刻的你来说相差不大。也许你担心自己将来因为做错选择而后悔。但无论你选了哪个，你都可能后悔。而无论你选了哪个，对现在的你来说，它都是你所能做的最好的选择。

建立决策程序不仅是为了做正确的选择，更是为了简化决策过程，节省认知资源。越是在小事上，越应该简化决策程序。如果你总在小事上犹豫不决，你可以这样建立一个属于你的决策程序：

（1）分析上周很消耗你认知资源的三个选择；

（2）分析这三个选择所消耗的认知资源与它们的重要性之间

的匹配程度。选出消耗的认知资源与其重要性不匹配的选择。对它们进行归类。

（3）分析选项中可作为决策依据的指标。这些指标必须清晰、明确。以购物为例，价格、发货地远近、口碑等，就可以成为决策指标。决策指标越简单越好，不超过三个。

（4）根据这些指标建立自己固定的决策标准。比如，买东西就选贵的，吃饭就选近的。

（5）把这些决策标准写成成文的准则，贴在醒目处。对这些准则保持迷信。

再次强调，建立决策程序的目的，不是帮你做出正确选择（因为根本没有正确选择），而是节约认知资源。对于处于匮乏中的人，节约认知资源比做怎样的选择更重要。同时，为了强化决策程序的正当性，你需要引入迷信的力量，相信你的选择是上天的旨意。

多年后 ⓐ 回望

　　我们总是把"贫"和"穷"放在一起。可是从词义上看，"贫"和"穷"是完全不同的。"贫"指的是没钱，而且很可能是暂时没钱；指外在的状态，一旦环境变化，这种状态也会发生变化。而"穷"指的是在一个狭隘、局促的空间，自己的力量无法施展发挥。如果说"贫"是暂时的，"穷"则包含着一种绝望，就好像自己无论多努力，都无法改变现状。穷途末路、山穷水尽，说的就是这个意思。"穷"所代表的，是可能性的匮乏。

　　所以从这个角度讲，也许你只是贫，但不是穷。或者说，我们可以贫，但不能穷。

　　如果说解决"贫"的办法是多赚钱，那解决"穷"的办法，还包含寻找心理上的出路。

　　我有一个来访者，一直焦虑自己的未来。这些焦虑除了让她烦恼，也帮助她考上了一个好中学，考上了一个好大学，找到了一份好工作。焦虑的时候，她自然会把原因归为显而易见的现实境遇。读书时是升学压力，毕业时是就业压力，工作了自然是工作压力。在焦虑的时候，她也幻想有一天会过上那种休闲的日子：侍弄花草，读读闲书，看看剧，学学厨艺，到处旅游……

后来在某个时机，她真的从公司离职了。这是她人生中第一次有了这样一段无所事事的闲暇时光。她原来在公司的收入不错，够她不工作也能生活很长时间。所以离职之前，她对自己说："终于可以好好休息了。"

第一天，她买了很多花草，给它们浇了水，在午后的阳光下读一本文学书，发了朋友圈。第二天，她买了一个新烤箱，开始研究厨艺，做了一个比萨，又发了朋友圈。第三天，她想干点啥，却忽然开始焦虑起来。她总觉得自己会错过，或者正在错过什么。她开始想："我这样休息，是不是太不上进了？我会不会很快就会被时代淘汰？"

在这种焦虑下，时间变成了需要打发的负担，这些休闲的事自然也变得索然无味了。

当她来找我的时候，我试图让她理解她的焦虑并非来自客观的处境，而是来自她的内心。她一直在努力适应那种快节奏的、竞争激烈的生活，对这种环境的应对方式塑造了她。现在她被移植到一个悠闲的环境，自然会有很多的不适应。享受生活也是需要学习的。而她坚称，她焦虑是因为外部条件，是因为她还没有实现财富自由。她说："如果我实现了财富自由，那我就能真正开始享受生活了。"

所以她很快又找了一个像以前那样快节奏、竞争激烈的工作，一边焦虑，一边憧憬闲暇的时光。

在讨论"贫"和"穷"的差异时，我忽然就想起了她的故事。外界的匮乏会引发心理的匮乏，可心理的匮乏未必都是由于外界的匮乏，而是受到我们由贫引发的应对模式的影响。

我举前面这个例子，在某种程度上也说明我离真正的贫穷已经远了。可我还记得它的影子，慌乱、脆弱、朝不保夕，总觉得稍有意外，就会大祸临头。就像一个溺水的人，踮着脚尖，仰着脖子，才能露出呼吸的鼻孔，避免被淹没。富人有大把的机会可以挥霍，穷人一生也许就只有一两个机会。你只能死死抓住，而不敢错过。正是这种焦虑导致了短视，总希望能一下子解决问题。可是真正有效的改变，却需要长期的积累。

从这一点上讲，回顾我在这章里提到的办法，关于让自己内心丰盛的办法，它们不是不对，而是太轻巧，轻到配不上身处其中的人所感受到的那种沉重。

但有一点我仍然是相信的：爱，或者人与人之间的相互支持，是解决匮乏最有效的方式。要说贫穷，没有谁比人类的祖先更贫穷，每天面对危险，连基本的食物都不一定有，所有的挣扎和努力都只是为了活着。可是那时候他们面对贫穷的办法就是，在一起。通过结成部落和家庭，来相互支持。安慰会减轻痛苦。所以如果你暂时没有办法改变匮乏，至少可以试试去建立某些联系，不让自己这么孤独。

可是有时候，贫穷本身就会造成孤独。因为贫穷不只是钱少，更是一种身份标签——低劣卑下，让人羞愧，觉得自己什么都配不上。有时候正是这种身份的标签，让人不敢走出匮乏陷阱。可是我们不要忘了，贫富只是我们的一个特性，我们还有很多特性，我们的爱好，我们的情怀，我们的喜怒哀乐，我们的梦想和追求，我们的痛苦和挫折。所有这些我们更核心的自我，并不能用贫富来衡量。

对于身处困顿中的人，我总是建议他们，如果有条件就学习一门专业的技能，木匠手艺、厨艺、编程、画画……当焦虑来袭，技能让你有地方可躲，技能也是诚实的，你投入多少，它就会回报多少。它能够把当下和未来联系起来，你在当下的投入，就是长期的积累。

如果在人群里没有出路，我们就去技能中寻找出路。学那些实用的、不需要很高成本又能挣钱的技能，从熟练的技能中体会自我的丰盛，也许这是我们走出匮乏陷阱的办法。

第五章

爱与孤独

没有人是一座孤岛，可以自全；每个人都是大陆的一小片，主体的一部分。

——约翰·邓恩

如果我不为我自己，那谁会为我呢？如果我只为我自己，那我又是什么呢？

——希列拉比

1. 如何面对不完美的父母

以前网络上有一个非常有名的小组，叫"Anti-Parents父母皆祸害"。小组有10万多个成员，Logo是剔骨还父、割肉还母的哪吒。打开这个小组网页，光浏览标题，你就会感觉到扑面而来的怨念和杀气。理性点的，像"谁在操纵你""他们将孩子当作了'物'而不是'人'""教你如何跟父母对峙"……不理性的，干脆就是"我跟我爸打架了"、"我妈骂我白眼狼"或者"我决定去死了"。

以前网络上还有个不太有名的小组，叫"反父母皆祸害"，只有区区2500个成员左右，非常不成气候。组里的论调基本都是"我和父母曾经吵架，如今一切安好""和父母对调下角色才知道""放下恨，是对自己的救赎"……怎么看怎么像居委会大妈卧底群。

这两个群代表了两种对待父母的不同态度：愤怒和原谅。虽然从中国的历史传统看，后者要比前者正统得多，但当时前者可比后者有人气得多。

这几年心理学普及的成果之一，是心理学能够让我们重新审视自己和父母的关系，了解父母对我们成长的影响。副作用则是，"父母"不幸从备受尊重的家庭权威，变成了心理问题的替罪羊。经常有人跟我说："我的问题来自我的原生家庭。"说这些话的人，大多读过一些心理学的书，这些书会不遗余力地宣传原生家庭对人格的巨大影响。他们说对了一部分，"家庭是人格的制造工厂"。如果仔细回溯，你会发现，童年时父母的争吵、忽视、溺爱、或明或暗的控制、严苛的要求、难以琢磨的期待等确实会影响我们的人格。但是，这种说法也把我们从生活的承担者和决定者，变成了无辜的受害者。以至于我们很容易忽略这些行为背后隐藏着的，极少是极端可恶的坏父母，更多的是有着各种缺陷的普通父母。他们受制于他们的时代背景、教育水平、成长环境和社会地位，他们中的很多人并不是不想爱孩子，而是不会。他们甚至意识不到问题，但伤害却已经实实在在地发生了。

这些伤害滋养了愤怒，而愤怒又承载了生活的其他不如意，在像"父母皆祸害"这样的豆瓣小组蔓延。

愤怒界定了一种人际关系。这种人际关系里，有一个强者，有一个弱者；有一个施害者，有一个受害者。无论你在愤怒中做什么——指责、控诉、报复……愤怒总会把情绪两头的人紧紧绑在一起。所以愤怒延续了我们和家庭的关系，让我们无法独立，更别提它对关系的撕裂和破坏。

愤怒太重，像"反父母皆祸害"小组这样的"原谅"又太轻了，轻到让人怀疑，它通过粉饰太平，回避问题。

有没有更合适的路可走？

我有个朋友，是个工程师，事业发展得不错，但他一直不太开心。他父母在一个单位的食堂做点杂事，没受过什么教育，只会跟他说类似"你要好好读书，见了亲戚要礼貌"之类的话。至于三观、职业生涯、人生理想之类的话题，更是无从谈起。

但他自己在慢慢成长。他考上了当地很好的中学，又上了一个很好的大学。上大学之前，他从来都是听话的孩子，没顶撞过父母。上了大学之后，他发现原来除了成绩之外还有很多东西需要在乎。可他父母从来没和他聊过这些，他们还是用老一套来教育他。于是冲突大量产生了。无论父母说什么，他都要反驳几句。那时候，他心里憋着一句话："你们对我的教育有问题！"

这句话他怎么也说不出口，但这句话背后的怨恨却在积压着。

父母当然能感觉到孩子的变化，但他们最终也没能跟他好好聊聊这个话题，只是在见面时会说："你要多关心爸爸妈妈了。"但他并不知道该如何回答，因为从内心里，他希望自己尽快跟这个家脱离。但他又有说不清的内疚和自责。于是一家人在沉默中慢慢疏远了。他找了个离家很远的工作，也很少给家里打电话。有一年回家，父母照例跟他念叨，谁谁家的孩子，就在街口的药店工作，一家人天天都能坐一起吃饭，现在孩子都生了，多好。他心中忽然有股愤怒升起，扯了扯嘴角低下头说："你们小时候要我好好学习，将来考北京、上海的大学，可不是为了让我天天陪你们吃饭啊。"

话一出口，他就觉得歉疚。父母没接话，大概他们也不知道该说什么。他想说声对不起，却怎么也说不出口，只好梗着脖子沉默着，埋头吃饭。于是一家人陷入了尴尬的沉默。

很快，他回到了自己工作的城市。有一天他跑来问我："你觉得我现在怎么样？"

"很好啊。"我诧异地看着他，"一路上好的学校，现在有车有房，事业也顺利，就是缺个女朋友嘛。"

"那你觉得，我这些成就，全靠自己努力，还是也有父母培养的功劳？"

"啊？应该也有父母培养的功劳吧？"我愣了下，"你为什么这么问？"

"我就是想确认一下。"他说，"这么多年来，我父母从来没有参与我的学习和生活，只对我提要求。当别人父母为他们辅导功课、跟他们谈心的时候，我却只能自己努力。现在，我就是很想确认一下，这么多年，他们是不是也在有意培养我。"

"如果是呢？"我问。

"如果是，那我就不是一个人。"他说，"我已经很久没有父母在我身边的感觉了。"

他的愤怒慢慢地消失了，隐藏在背后的悲伤开始显露出来。

我知道这悲伤是什么。是一个我们很难承认的事实：我们没有能理解、支持和帮助我们的父母，也没有别人都有的嬉笑打闹、无忧无虑的童年——至少不是理想中的那样。我们误以为"幸福美满的家庭"是人生标配，最终却发现那其实是奢侈品。而最让我们难过的，是父母已经尽力了，他们能提供的、能想到的，就是这样了。

我们悲伤的是，父母和我们对这一切，都无能为力。

假期，我那个朋友回了趟家。回来后他说，父母都老了。

心理学家伊丽莎白·库伯勒·罗斯在研究人们怎么面对死亡时，曾经提出一个著名的悲痛五阶段理论：否定—愤怒—讨价还价—抑郁—平静。这个模型也被广泛地用来解释人们面对一切不如意的事，比如，一个人面对不完美的父母，会经历的心理历程。

所以，该怎么面对不完美的父母呢？除了愤怒和原谅之外，也许我们还有悲伤。悲伤不是什么好的解决方案，但它最接近真相。悲伤能帮我们从愤怒中解脱出来，把我们从一个简单的受害者，变成一个为自己生活负责的独立的人。我们在悲伤中，滋长了爱和同情。这种爱和同情，既给父母，也给那个曾经弱小的自己。

2. 我们和原生家庭

在参加的各种活动里，我最喜欢的是问答环节。听众的提问常常告诉我一些他们的经验。而我也很少只是根据问题，告诉他们一些我知道的知识。我会把问答当作一个干预的机会。我常常会想：

"为什么他们在这个场合问这个问题？"

"为什么他们这样问，而不是那样问？"

"我的回答想给他们什么样的影响？我怎么说，才能真的影响到他们？"

就好像我们也在一种mini的关系里，做一个mini的咨询。

有次我去做了一个关于"家庭中的爱和怨"的分享。现场来了不少听众，为此主办方还特意在前排加了几排蒲团给大家坐。在问答环节，大家的提问也很踊跃。

这样一个讨论家庭的场合，当然离不开有关原生家庭的问题。有位女士问："我以前不觉得原生家庭对我有多重要。最近几年读了一些心理学的书，才越来越认识到我妈妈对我的影响。我妈妈是一个非常焦虑的人，她有很强的穷人思维。她总是在焦虑钱的事，也总是贬低我不能干，拖累了她的生活。她的话暗示性实在太强了，以至于我觉得我真的变成了她所暗示的那种什么都不行的人。前几年还好，我还有个工作。从上一个工作离职以后，我变得更差了。请问，我该如何摆脱这种影响？"

　　这是关于原生家庭的很典型的问题。关于原生家庭，一直有两种观点。第一种观点是原生家庭决定论，认为原生家庭就像是人的底层操作系统，对人的影响深远。我们现在所有的问题和困境，都是原生家庭带来的，或者至少，能从原生家庭里找到影子。这一部分的结论有一定的道理。如果你去读精神分析方面的书，他们也很擅长抽丝剥茧地把你现在的问题跟原生家庭联系在一起。这种联系加深了人们对"原生家庭决定论"的印象。

　　第二种观点是自我决定论，强调人的自由意志，强调人的选择。这种观点认为，如果一个人沉浸于原生家庭的影响中，就会把原生家庭当作一个方便的借口，只是借着原生家庭来逃避自己应该承担的生活责任。

　　其实严格来讲，这两种观点并不是矛盾的。它们真正的区别是，如果我们理解原生家庭的影响，当下究竟该怎么看待这种影响，是单纯增加了自我认知，提示了我们改变的方向，还是变成了无法改变的理由？

　　当这位朋友强调原生家庭对她的影响有多深，她似乎暗示自己无法改变，而她的提问又是如何摆脱这种影响。也许她没有意识到，对原生家庭的这种描述本身已经成了她思考"如何摆脱"的障碍。

　　于是我问她："你离家多久了？"

　　她说："我毕业7年了。"

　　我说："那如果从上大学开始，是不是已经11年了。原生家庭当然会对人产生很深的影响，可是你离家已经11年，按理说应该发展出一些跟原生家庭不同的新经验了。如果你是最近读了几年的心理学书，才发现原生家庭的影响，那我觉得你还是应该把这些书扔掉。因为这些书不仅没有帮你解决原生家庭的问题，反而让你更纠结原生家庭的问题。"

她嘟囔了一声，显然对我的回答不太满意。接着问："那你有什么具体做法上的建议吗？"

我说："如果你真的想摆脱这种影响，不如这样做。你先回家去跟妈妈吵一架。告诉妈妈她对你的影响，她如何让你受伤。吵完以后，无论结果如何，你都告诉自己，这件事就到这儿结束，你要重新开始你的生活了。然后你就回来想想，该怎么去找一份自己满意的新工作。"

说完建议，我问："你会尝试这些建议吗？"

"不会。"她很干脆地说。"我妈妈是不会听的。我想说的是，原生家庭对人的影响真的是很巩固……"她又说起了对原生家庭影响人的理解。当她这么说的时候，下面的观众开始窃窃私语。

我就接着说："你看，你似乎在说，你的原生家庭给你带来了很大的影响。你问我怎么办，但你同时也说，你不想听我的建议，因为你不想改。如果是这样，那我可能也没有办法帮你。"

听众的声音更大了。她还想问什么，但是不甘心地坐下了。看上去，我跟她似乎起了一个mini的冲突，而观众是想支持我的。可是他们的这种支持反而让我不安。

我真的有理由这么说吗？会不会我自己太强势，没有帮到她，反而伤害了她呢？

虽然问答已经结束了，但我其实还在想这个问题。我在想，她为什么要告诉我原生家庭对她的影响，但又不想接受我的建议？真的是如我所说的，她用原生家庭逃避了生活的责任？我回答的方式让她不能接受？或者她通过强调原生家庭的影响真的很大，来告诉我不想改变并不是她的错？

然后，我忽然想到了另一个答案。这个答案隐藏在她说"我妈妈是不会听的"这句话里。她说过这句话，她说这句话的时候，是有种倔强在的，可是我忽略了。一瞬间，我的脑海中闪过很多画面。我想起我的很多来访者，他们学了很多关于原生家庭如何影响人的知识，也会想把这些知识拿去跟妈妈探讨。有些探讨只是头脑中的模拟，有些探讨是真的去做了。但这些探讨通常都不会有好的结果：谁能接受那些指责自己的知识呢？更别提指责的人是自己从小养大的孩子。激进一点的妈妈会说：

"你读书读傻了吧！"

"你自己过得不好还怪我了？这么多好都不记得了，这点不好倒记得牢，我这么多年养你白养了！"

温和一点的妈妈可能会说：

"好了好了，算我不懂行了吧，那你以后自己当妈当得好一点。"

这时候，他们通常会是跟妈妈犟的。他们想要让妈妈承认，但妈妈不肯承认。他们想在这场事关自己的辩论中赢了妈妈，可是赢的方式，就是"我过得不好"。只有"我过得不好"，才有接下来的"都赖你！"。

这是原生家庭的影响吗？也许是。可是这种影响不是发生在过去，而是发生在现在，在我们现在和妈妈的关系的纠结里啊！

后来我想了想，如果重新让我回答这个问题，我大概会这么说：

有时候我们强调原生家庭的影响，是想让妈妈看到我们受的伤害。就好像她看到了，我们才能放下，继续往前。可是很多时候，这种看见是等不到的。于是，这种影响就变成了我们自己一遍遍重复的咒语，把我们的生活困在这里，无法前进。有时候妈妈看不到，我们就想说给别人听，让别人知道。

你今天提这个问题，可能也是想让我们知道这种伤害。我不是你的妈妈，可是如果我的承认对你有用，能够帮你放下这个纠结，那我也愿意承认这是一种很大的影响和伤害。可是如果它不能，那你也要想一想，面对等不到的承认，是否还要停在这个咒语里，不断重复它。

我想，也许这是她真正想要的答案。这也是很多人想要的答案。

3. 独立不是请客吃饭

海贤老师：

你好！

我的父母从我很小时就开始吵架，相互消耗，妈妈说话太狠太直，很伤人，我爸爸可能被伤透了，一直保持冷暴力不说话。虽然他俩现在老了关系好了，但留给我的阴影却挥之不去。总觉得自己没有能量，在家的时候很压抑，想逃离，和家人也没有亲近感。他们两个人沟通方式不同，反复提离婚，又被劝阻，被绑在一起凑合过，没有多少爱和理解。我妈有种在家庭中得不到满足，所以将全部希望寄托于我的趋势，有时候细想很吓人。

去年我来到法国留学，阴差阳错找到了很理解、支持我又善良到不行的人。我们像认识了十年一样感情很好又彼此独立。性格、品味、生活习惯都很相配，很有默契。他在巴黎大街上扶盲人、帮妈妈搬婴儿车，对别人很关切。我的成长环境和经历让我谨小慎微的同时，也让我对人有极佳的洞察力和判断力。我观察到太多细节，很珍惜他，想和他在一起生活。但是家人因为肤色，因为人种而歧视他。他们选择性忽视我从初中到现在对黑人的热爱。我一直觉得黑人不仅仅是音乐、体育方面的天才，他们深厚的文化，对大自然的偏爱，对自己归属的清晰认识，幽默的性格，就算有被奴役的历史也掩盖、贬低不了。我很爱他，所以向我妈妈试探，说我有比较亲近的黑人朋友。但是没想到她哭着跟我反复说她不喜欢，她觉得恶心，觉得在外人面前抬不起头来，没面子，说"我没有给你那么开放的教育方式，你怎么就变成了这样"。说得我好像和怪胎一样。她说："养你这么多年不是让你长大去嫁黑人的。"

这种道德绑架和亲人特有的控制权压得我喘不过气来。她要我把那个黑人朋友送我的礼物扔出去，甚至威胁如果我们在一起，她就要跟我断绝一切关系。我那天哭到凌晨4点，觉得这个事情真的是无解的。我不想失去他，如果坚持在一起，只能发展地下恋情，虽然感情很好，但是我不能给他任何保证。我也想自己是不是太自私了，要不要长痛不如短痛，分手算了。可是，另一个自己又在说，凭什么仅仅因为一个人的肤色，家人就要逼我放弃选择爱人的权利，这对我来说太不公平。我很清楚自己想要什么。难的不是选择本身，而是选择之后的承受。

目前，我和他还是在一起了，很幸福、很珍惜。但是每次和我妈妈聊完天都会不开心，我尝试着告诉她种族歧视是不对的，但是你也知道中国的国情摆在那里，心再强大也有耳根子软的一天，也会去在意别人的看法。为了保护他，我要伤害我的家人；为了家人，我要放弃我自己，还有伤害他。怎样都不能两全。我很困惑、很无力。

家人是软肋，也是牵绊。他们给了我很多，却没有给我爱人的能力。我想听听你的意见。

无名同学：

你好！

我经常遇到在父母不和的家庭中成长起来的来访者。这也让我思考，父母吵架对孩子的影响到底是什么？也许是给孩子提供了一个不那么美好的爱情范本，也许是对亲密关系的恐惧和疑虑，可更普遍的问题是，这些孩子很难从家里离开。

人是需要情感支持的。这是人活着的动力。一个女人如果无法作为妻子从丈夫那边获得情感支持，她就会强化自己母亲的角色，转而从孩子那儿去获得情感支持。这并不意味着这个妈妈会对孩子百般地好，而意味着她会对孩子有更多的控制。你说你妈有种"在家庭中得不到满足，所以将全部希望寄托于我的趋势"，说的就是这个。

当孩子长大成人，妈妈和你这种过于亲密的情感联系就会出现危机。虽然妈妈自己不会承认，但她其实并不想你长大、恋爱、结婚、离家。就算她不得不接受你会成家这个事实，她也会希望女婿是她挑的，将来有一天她能跟你住在一起，帮你带孩子。这样，在她的印象里，你不是结婚离家，而是你还在家里，只不过多了个女婿。

这样的关系，对你来说是困惑的。一方面，你需要自己的成长空间，需要长大，去面对外面的世界；另一方面，你也很难放下妈妈，毕竟你是妈妈唯一的情感牵挂，她一不高兴，你就会不开心。

现在，你远去法国，找了个妈妈绝对不会帮你挑出的男朋友。你在为自己的生活争取空间，这很好。可是你争取得不彻底。你的身体离开这么远了，你的心也能像你的身体那样离开吗？

我觉得，你妈妈做得没错，是你错了。你的错并不在于你找了一个妈妈不认可的男朋友，错在你明明找了一个妈妈不会认可的男朋友，却还想让她认可。

你妈妈在期待一个"听话懂事"的女儿，你让她失望了，所以她对你有很多怨言。可是你又何尝不是在期待一个"通情达理"的妈妈呢？这样的期待，到底谁比谁更正义呢？

如果你还是孩子，我们自然会说，妈妈在关系中要负更多的责任，社会自然期待一个女人要当一个好妈妈。可现在你已经不是孩子了，如果你觉得这种过于亲密的关系妨碍了你，你就要给自己争取空间，为自己的生活做主，而不是去争取妈妈的同意。

革命不是请客吃饭。从家里独立的难度，不逊于一场革命。这不是客客气气、亲亲爱爱就能解决的事情。独立是不需要别人允许的，尤其不需要你妈妈允许，否则就不是独立了。如果你已经下定了决心，准备好面对妈妈的眼泪了，我们再来谈策略。

策略很简单，就两句话："听妈妈的话，做自己的事"和"依靠男朋友，别依靠妈妈"。你不需要再跟妈妈商量男朋友的事情了，对于她说的话，你都听着，但不要表态。如果你还没有经济独立，赶紧想办法让自己经济独立。别气你妈妈，但也不需要顺从她。审慎地考虑自己的爱情，不要因为反抗妈妈而结婚，不然你这婚还是为妈妈结的。如果你真的对自己的爱情很确信，告诉男朋友你们会遇到的困难，如果他愿意，就去结婚。妈妈嘛，找个合适的时机再告诉她就好了。也许你会担心，那万一我妈妈失望该怎么办？她是会失望的啊，可是如果你一直记挂着她的失望，你又会期待她通情达理了。你们又会在爱和怨之间纠缠，你就离不开。

妈妈有她自己的困难要去面对，正如你也有你自己的。你解决不了她的问题，也别奢望她来解决你的问题，这个问题包括你有一个不会同意你和黑人结婚的妈妈。这是你需要自己去面对的难题。

也许，没有你可以依靠的时候，妈妈才会学着去依靠自己的丈夫。就像你没有妈妈可以依靠的时候，最终也会去依靠自己的男朋友一样。

祝你早日独立！

陈海贤

4. 成为自己的教养者

问：

不知从何时起，我便丧失了爱父母的能力。从高中开始，我便独自一人在外地求学，那时身边的许多同学会因为念家而苦闷，要是女生的话，甚至还会哭鼻子。但整整十年过去了，我一

177

人在外，竟从未想起过家的温暖。

事实上，我的家庭并没有破碎，更没有伤害。我打小就生活在父母的重重保护之下，许多困难并不需要我去亲自面对。看上去这是一个相对安全的环境，但它却从未给我足够的安全感。

我似乎被父母的过度关心压垮了。每当他们试图为我提供帮助，我都需要花费大量的精力来应对紧随而至的心理压力。我不是怕给他们添麻烦，不是羞愧于自己不能自食其力，而是单纯地想要躲避，就像面对热情的陌生人——尴尬，不知所措。

近几年来，我一直在拼命学习那些和父母相处过程中没能学会的东西。例如，为自己负责的意识、信任他人的能力，通过个人魅力去引导他人而非通过感情胁迫和利益交换去引导他人的能力。从同事和朋友的评价来看，似乎我做得不错。但是维持这样的状态令我身心俱疲。我似乎很容易掉回旧有的家庭模式中去，成为一个替他人操碎了心、替他人担惊受怕，进而以各种手段控制他人，以获得自身心理平衡的家伙。

我和几任女友也有相似的问题。我总是想要呵护甚至拯救她们，也许是因为我更想呵护、拯救我自己。我觉得我在延续父母对我的情感模式——一定要以一种放弃自我的方式，把感情倾注到另一个人身上，才能安心。

这样的情感模式令我恐慌。我害怕自己会变成和父母一样的人，担心爱人会离我而去，就像我现在想要彻底离开我的父母一样。

写下这段话，我意识到，我似乎很想把我在感情上对父母的排斥描绘成一种正当行为。然而，对此我也抱有很深的负罪感。似乎我的背后有千万只手在指着我——那可是你的亲生父母啊！他们做错了什么吗？操劳一生竟然换来这样的逆子！而我想要把这些声音通通抹杀掉。

所以，我现在很想知道，如果子女已经到了25岁的年纪，却仍对父母不念任何感情，是否还有机会重塑亲子关系？我想，我最期待的那个答案应该是"没有"。在这件事上，我实在太疲累了。但我还是想听听老师你的看法，不论怎样，一定会有启发。

答：

这位没留称呼的朋友，你好。并不是所有的提问者都能像你这样，确切地知道自己想要的答案。你的信里一直有一种特别的洞察力——对自己和父母的关系、对自身的情绪、对自己和伴侣的关系。我猜这种洞察力有些来自你学的心理学知识，有些来自你的自省。你一直在通过自省，摆脱家庭的影响。

你说这么多年来，你从未想起过"家的温暖"，但这么多年，你肯定无数次想起过"家的问题"，在那些倍感孤独的夜晚。你说父母对你的"过度关心"让你只想躲避。这表面上是说父母给的多了，但其实是说父母给的少了。多的部分，是付出背后的"控制和操纵"，少的部分，是你真正渴望的"安全感"、"亲密感"和"爱"。

我们会警惕以爱之名行控制之实，我们也会忽略控制背后有对爱和亲密感的渴望在。我并不觉得是"控制"让你们远离了，相反，我觉得是你们的远离让父母觉得恐慌，所以他们更想通过"控制"来拉近你们之间的距离。

他们需要"被需要"，所以总想以牺牲自己的方式给你更多。但他们并不知道你真正需要的是什么。这多少有点悲伤。

你和父母都渴望彼此能够更加亲密。只是这种亲密不会因为渴望就有。当你说"每当他们试图为我提供帮助"，你的感觉却像是"面对热情的陌生人——尴尬，不知所措"时，你一定为此痛苦了很久。

但这不是你的错。无论你在情感纽带上独立，还是你因不需要父母无效的关心而很少回应，这都不是你的错。这只是一个让人无奈的事实。你不需要内疚。没有爱会在内疚中发展起来。如果你想到家，只觉得沉重和疲惫，你就无法爱它。

关于父母的问题，我曾收到过一封读者来信。在历数自己父母的种种不是后，她总结说："只有开始像对待外人般对待父母，每每选择性失忆，不抱期待，也逐渐放下对期待中他们的反馈，居然让家庭关系温暖了起来。虽然（父母）还有他们从不承认的迁怒于人和价值观倾倒，但不抱希望之后，我自己的心绪暗沉确实少了很多。他们是我来到世上的生身父母，我自己才是我心智打开后的教养者。世间皆可为我师，亦有朋友、书本为交流者，是我自己之前错了，不该对父母太心存寄望。翅膀硬了好作飞，浪费时间才真有可能被拖入泥潭。现心已无碍。"

如果把信里那些有怨气的部分去掉，她提供的也是一个有用的观点：放下期待，从零开始和父母相处，以及成为自己的教养者。成为自己的教养者，其实还有一个别名，叫"独立"。只有当我们不仅在物质上，还在精神上独立，我们才能真正从与父母的爱恨交织中解脱出来，客观地看待我们与他们的关系。在那个时候，我们也许反而能找回一些家的温情。

成为自己的教养者，你期待父母怎么爱你，你就怎么爱自己。这并不容易。不过为人父母本身就不容易。如果你觉得辛苦，那就不妨把这种辛苦当作为人父母的艰辛吧！

祝一切顺利！

陈海贤

5. 我不想跟我妈妈一样

海贤老师：

您好！

我昨天收听了您的一场关于如何摆脱内心的匮乏与不安的讲座，收获很大。我缺钱，缺安全感，缺知识，缺爱，什么都缺。我经常处于一种匮乏和不安之中而不自知。

但是我写信给您是想讨论另一个问题：我和我妈妈的关系。

我发现我最初的不安感和匮乏感来自我的妈妈。她原生家庭很穷，没上过学，嫁到这边后没有地位，也没有话语权。我依稀记得从小开始，我妈妈就不停地在我耳边唠叨，说我爸爸或者我爷爷奶奶怎么怎么样，反正都是不好的话。有时候我爸会因为这些话打我妈。她是家庭的受害者。然而，她也是个施害者，用语言攻击我。她总是说我笨。然后，我就真的很笨了。我现在自卑、内向、敏感。

家里很穷，挣钱很难很难，反正没有人和事是令人满意的。我妈经常跟我说，我爸没本事，我爸是不爱我的，如果没有我弟弟，我的境遇应该会更差（家里重男轻女）。

有时候我不想回家，因为我怕面对那样一个环境。我感觉家并不都是温暖的。我渴望一个温暖的家。

我讨厌我妈妈，无趣、小心眼、言语苛刻、自私冷漠、短视、功利，老是跟别人比，好像缺少感受到快乐和幸福的能力。她带给我沉重、无聊、压抑的感觉，而不是积极乐观。其实她行动力很强、很积极，也在积极努力赚钱。但我好像只接收到了她的抱怨。

现在，我感觉自己成为越来越像我妈妈一样性格的人了。我一直在与这种心理对抗，"内耗"特别严重。但是有时候我又觉得她说的都是对的，我更加矛盾、痛苦。我有点抑郁，我的动力系统和能量系统好像都坏了，尤其是在这个满是雾霾的冬天。

有时候我又觉得她很可怜。她一直困在自己心中的监牢里，从来没有享受过平静和快乐。

我也为自己有这样的想法而愧疚。我知道她很爱我。她生我、养我，供我上大学，做什么都是为了我和我弟弟，她没有贪图过物质上的享受，衣服也都不舍得买。她都是为了别人，没有考虑过自己。我应该对她感恩的，我怎么能怨恨她呢？我很心疼她，可是也怨恨她。

陈老师，我这种心理正常吗？我应该怎么办才能走出这种矛盾的心理？应该怎么改变这种认知？诚恳盼望您的回复，不胜感激。

沐沐

沐沐：

你好！

信冬天就收到了。一般在春节前后，家庭问题比较让人心烦。现在春天来了，花也开了，天气也暖和了，不知道你过得怎么样，心情是否好一些了。

你说得没错，如果要追根溯源，我们总能从原生家庭里找到一些匮乏和不安的理由。你说你的不安来自严苛的妈妈，她"无趣、小心眼、言语苛刻、自私冷漠、短视、功利，老是跟别人比"，还经常说你笨。这我相信。只是我觉得，这种不安，可能并非你妈妈经常说你笨那么简单。

在我的工作中，我经常遇到这样的家庭：爸爸在外面做生意，经常不着家；妈妈一个人带孩子兼操持家务，满心怨气；孩子呢，焦虑、不自信，不想上学。

他们争吵的方式很特别，经常是妈妈指着儿子对爸爸说："瞧瞧你家儿子！"

"你家儿子"的说法有两层含义：1. 孩子是个问题孩子；2. 这个问题是你（造成）的。

听到这样的说法，爸爸会气呼呼地责问儿子："你为什么不争气！"有时候脾气上来，爸爸甚至会动手打他。

爸爸的反应，也有两层含义：1. 这不是我的问题；2. 既然你说是我的问题，那我帮你解决，看你心疼不心疼。

这是典型的中国式家庭的争吵案例。表面上，两人都在抱怨孩子，其实是妈妈借着孩子抱怨爸爸："你为什么不着家，不管孩子！"而爸爸也借着孩子反驳妈妈："我也很辛苦！""你为什么不管好孩子！"孩子呢，夹在中间，不知所措。

为什么他们不能直接表达呢？也许他们不习惯直接的表达方式，毕竟那样的话冲突要直接而强烈得多。他们需要把孩子当一个媒介来缓冲一下，用孩子的问题来掩饰他们自己的问题。于是孩子就变成了一种独特的情绪通道。有时候，为了让这种沟通方式持续，他们会制造或者维持孩子的问题。而孩子也会配合他们，让自己变成一个问题孩子。

但孩子心里是分不清妈妈的愤怒和指责，究竟哪些是针对爸爸的，哪些又是真的针对自己的。他只会觉得，惹妈妈生气了，那自然是因为自己不好。如果妈妈说他笨，他也会觉得自己笨。

而你们家里，还有另一个故事。如果家变成了战场，那家里弱势的一方，通常需要一个盟友。你妈妈嫁到家里，没有话语权，那么她需要你站在她身边。所以她才会反复强调你爸没本事，你爸不爱你。而你爸爸自然也把你归为你妈妈的人而逐渐疏远你，虽然你自己未必情愿。

我们总以为，内心的匮乏和不安是贫穷引起的。不过，和这些争吵相比，贫穷其实真不算什么。所有的缺失，归根到底都是缺爱。比穷更糟糕的，是父母的争吵，比父母的争吵更糟糕的，是父母把孩子当作工具卷入自己的争吵里。

那我们该怎么办呢？我觉得最重要的事，是把自己对父母的感觉和父母他们想通过你表达的感觉分开。你能分清楚父母对你的否定里有多少是他们对彼此的否定，有多少是他们对自己生活的失望，又有多少才是真正对你的失望吗？

要分清楚这些，就要跟他们分离。你需要跟妈妈分离，哪怕你心里有很多的内疚和自责，你仍然要去寻找属于你自己的新生活。你是成年人了，与无助的孩子相比，你可以去寻找属于自己的路，这就是一种幸运。不要担心你妈妈，要相信她会在自己的婚姻中找到办法。比如，她会努力挣钱，毕竟她在这个婚姻中已经多年了。你不需要内疚和自责，不要担心你破坏了自己和妈妈的同盟关系。要知道，这根本不是属于你的战争。

祝你早日找到自己的路。

陈海贤

6. 看不见的忠诚

举一个最近的例子。我在做自我转变训练营，每周都会和学员连麦，一起探讨自我转变的难题。连麦的形式，看起来是大家有问题问我，但其实我很少有简单直接的答案给他们。相反，随着探讨的深入，我们常常对问题有了更深的了解。

有个学员是一位30多岁的女士。她说："我的问题是，我好像做什么事都不能投入。我参加了一个写作班，想学习写小说，可是写了10天就放弃了。我想学心理学，去考了一个证，虽然我有兴趣，可是发现年纪太大，从头开始不现实，所以也只好放弃了。好像我的人生一直都是这样，遇到一个障碍我就放弃，什么事都无法深度投入。你的课程让我们探索不能改变的假设，我发现，我内心的假设是：如果我没有社会价值，就会被抛弃。这也许是我很怕挫折的原因。我该怎么办呢？"

说实话，我不知道。我从很多人身上见过这个问题。但我不知道是什么造成了她的问题。既然她说她的问题是做什么都浮于表面，我不想再给她一个浮于表面的答案了。

于是我请她讲讲她的生活。她说："我进入职场已经10年了。10年，周围的人都升职、加薪，晋升到了管理层，可是我还在做基础的工作。10年前，我刚入职，拿的工资是5000元。10年后我拿的还是5000元。我不知道这10年我在干什么。就好像我的人生停在了20多岁的年纪。我的心态停滞了，我的工作停滞了，我的生活也停滞了。我没有亲密关系，没有成家。唯一没有停滞的，是我在变老，我的父母也在变老。"

时光的流逝却没有沉淀成一个人的成长。说到停滞，她有些伤感。我远远地看见了她的生活，可是我还没有进入这种生活的线索。我还不知道是什么导致了她的生活停滞不前。

想起她前面说想写小说，我随意问道："你想写一本什么样的小说啊？"

她说："我不知道。我只是压力一大就看小说，这么多年已经看了很多本，都成瘾了。看得太多了，就想试试，不过很快发现自己不是这块料。"

既然逃避压力都能成瘾，那压力一定很大。我问她："你生活中的压力是什么？"

就好像在等着我问这个问题，她很快就说："是我的母亲。"

"哦？"

"我母亲已经中风多年了，一直卧病在床。我之前也有纠结，我就挣这么点钱，是不是该回老家，好好去照顾她。可是一想到我和我妈完全绑在一起，我就害怕。因为那样，我就完全没有了自我。虽然我本来就不是很有自我。"

我问她妈妈中风多久了，她说10年。正好就是她所说的停滞的时长。我问她谁在照顾妈妈，她说："我有在照顾。每周我都会回去。去年我接她过来跟我一起住，发现那真是一个噩梦。我请了一个护工，可是护工根本搞不定我妈，我妈一直抱怨、挑刺。保姆都请了十几个，没有一个能成的。"

我提醒她，妈妈对保姆挑刺，是更想要女儿的照顾。

她说："没错。我妈妈总说，你不用管我，去忙你自己的事。可其实我知道，她想让我照顾。实在累了，我也想逃开。那时候，我就会骂自己，这是你妈，你不能把她当作一个累赘！可事实是，她就是一个很大的……压力来源。"

听她讲跟妈妈的纠结，我忽然对她的无法投入和长期停滞，有了一个新的理解。

我说："听你这么说，你其实有两份工作，一份是你现在做的事，另一份是照顾你妈妈。照顾妈妈才是你心里觉得真正重要的工作。跟它相比，你现在的工作只能算兼职。有时候我们不喜欢一份工作，可以辞职、转行，可是你的这份工作，辞不掉。"

她低声说："是的。她是我最重要的工作。如果我不管她，就不会有人管她。有时候，我妈妈跟护工闹脾气，我知道她又想我了。我会跟她说，你稍微改变一点点，松一下手，我就会好。我是一个独生子女，我的身体也不好，我还没成家。你还有我，可是等我老了，我还有谁？我还有什么？我什么都没有。我比你还要可怜。"

浓重的哀伤弥漫了整个直播间。有人问爸爸去哪儿了？她说爸爸原来跟妈妈感情也一般，妈妈生病后，爸爸就躲开了。又有人建议她送其母亲去养老院，她忽然变得坚决起来。她说："我不想。我一直以为我在照顾我妈妈，今天我才发现，我也在救助我自己。以前我觉得如果没有社会价值，就会被抛弃。我现在才发现，那不是我的想法，而是我爸的。这是他对我妈的态度。如果连我都放弃我妈了，那就证明我爸爸的想法是对的。我不只在照顾我妈妈，我也在用我的坚持告诉他，他错了。"

她的坚决透着一种力量。而这种力量让所有人都看到，她已经做了自己的选择。她不是不投入于自我发展，她只是把所有的精力和注意力都投入到对妈妈的照顾上，没有给自己的自我发展留下空间。

她说："我对自己的投入，就像是对妈妈的背叛。确实，对我来说，我自己并不重要。我甚至想，如果有一天我妈妈走了，我爸爸走了，我也可以走了。"

她的话在直播间激荡。大家都被深深地打动。

可是出路在哪里？

如果是以前，也许我会说要有边界。但这次，我说不出口。

有时候，太快想给一个出路，是对人家问题的贬低。我想起以前做团体心理咨询时遇到的另一个女生，也是年纪不小了，依然单身。她的父母关系也不好，她总是一边抱怨爸爸太控制自己，一边和父母住在一起，纠缠不清。

团体里的人都劝她离开，说她代替妈妈成了爸爸的伴儿，甚至有极端者说"你变成了爸爸的小三"。

她被激怒了，大吼道："你们以为你们说的我不知道吗？你们以为我不想离开去发展我自己吗？可是我是他的女儿，他是我爸爸！我有什么办法！我能轻易离开吗？他有心脏病，我能不照顾他吗？"

我想说离开，但我没有说。我只是说了这背后的纠结、无奈和忠诚。

至于这位连麦的女学员，也许你会想，妈妈是妈妈，你的工作是你的工作，为什么你不能一边照顾妈妈，一边好好发展你的工作呢？如果你也被一段关系缠绕，如果你也有一段重要的关系占据了你全部的头脑，变成了一个不能了结的事，你就会懂。

但我还是说了，给自己留一些空间。毕竟这份不能辞的工作也有结束的一天，虽然她一定不想它结束，但她要为下一份工作做准备。这并不是多么光明的出路。我很遗憾，并没有一个更好的答案给她。

可她还是谢了我，她说："我一直以为我是被迫的，陈老师让我看到了，是我的忠诚让我做出了选择。我不是不投入，我也有我的投入和坚持。"

后来的发展，有些出乎意料。她说自从那次连麦以后，她并没有绝望，反而好了很多。"既然这是我选择的，我也可以试着做些不一样的选择。"所以有时候，她也试着不回家，把更多的时间留给自己。而妈妈也接受了。

看不见的忠诚，变成了一种看得见的忠诚。看见了，也许我们就多了一些理解，无论对自己还是对他人。不是吗？

7. 孤独和边界

我刚学心理咨询那会儿，觉得自己在做神圣的事业，满脑子都是奉献自己的想法。我的老师给我讲了一个故事：

从前有个善良的女士，她去散步的时候看到一只流浪猫，觉得野猫很可怜，就把它带回家好好喂养。过了几天，她去散步，又遇到一只野猫，觉得那只猫也可怜，只好也带回了家。第三只、第四只……附近的野猫好像都被她遇到了。很快，她家变成了猫窝，她所有的生活都被猫占据了。她一边在家养猫，一边怨气冲天，觉得自己的生活被这些猫给毁了。可要扔下这些野猫，她又于心不忍。她就这样成了猫奴。

老师讲这个故事，是提醒我，无论出于什么样的善心，助人者和求助者之间都应该有边界。在帮助别人的时候，我们要警惕好心突破了边界，最终损害了彼此的关系。

在心理咨询行业里，"边界"是一个挺重要的词，大意是说，我们需要承认和尊重彼此的独立性，"我为我的生命负责，你为你的生命负责"，绝不轻易越界。就像两个鸡蛋，都带着自己的壳，你再想跟别的鸡蛋亲近，也只能期望成为"一个篮子里的鸡蛋"，而不能期望成为"同一枚鸡蛋"，如果挨得太近，容易鸡飞蛋打。

独立其实是一件挺寂寞的事情。这意味着我们既无法庇护他人，也无法受他人庇护。我们需要赤裸裸地独自面对存在本身。

为了克服这种孤独，我们会在朋友和家人之间创造更加亲密的关系，来有意地模糊这种边界。

我有个朋友，前段时间来向我咨询抑郁症的事。事情是这样的：她有一个多年的好友，最近因为离婚而情绪低落。去医院诊断后，医生说是抑郁症。这位朋友经常半夜打电话向她哭诉前夫的种种不是，一打就是一两个小时。她很着急，问我怎么能帮助这个朋友。

说实话，对于那些以"我有一个朋友"开头的问题，无论问的是"我有一个朋友，得了焦虑/抑郁/强迫症，我该怎么帮他？"，还是"我有一个朋友，失恋了/出柜了/迷上SM（性虐恋）了，我该怎么劝他？"，我都会有些警惕。我总担心他们会过度介入别人的生活，这大概也是咨询师的职业本能。

"要遵守边界啊！"我在心里默念了一遍老师的话。

于是，除了提供一些关于抑郁症的知识之外，我特别叮嘱她："不要试图做一个拯救者，你没有办法拯救别人的人生，那是上帝的工作。"

我跟她讲了流浪猫的故事，还跟她说，我看到过很多这样的故事：朋友之间从嘘寒问暖开始，到渐行渐远结束，中间还插着"你责怪我不理解你的痛苦，我责怪你不感恩我的付出"这样的戏码。

最后我说："不是我们的爱心不够，是我们的能力不够。边界就在那里，很客观，我们只能遵守。"

"嗯，"她叹了口气，"可她在这边只有我一个朋友，我能怎么办呢？"

我也叹了口气，觉得我也说得太多了，也有些越过边界了。

过了一段时间，她给我打电话。我们又聊起了她的那位朋友。

"还不错。"她说，"我们一直都在联系，关系也很好。"

"是吗？你是怎么做的？"我很好奇。

最开始的时候，那位朋友打来电话，她都耐心听着。时间久了，她也感觉有些厌倦，就开始在电话这头敷衍起来，说些类似"你要积极乐观""要振作一点""别多想"之类的话。朋友的病情却开始加重了，有两次她半夜里被电话吵醒，是朋友打来的，哭着说想要自杀，希望她来陪。第三次电话打来，她冲到朋友家，朋友正躺在床上哭。

"我陪她哭了一会儿，等她好了一点，我跟她说了你跟我说的话。"

"什么话？"

"就是边界、规律之类的，"她说，"我跟她说，如果再这样下去，我们就真的要分开了。我不想离开你，你也别让我离开你。为了别陷入这样的规律，我们来限制一下我们的关系吧！于是我要求她，每周只能给我打两次电话，每次别超过半小时。"

"她答应了？"我问。

"她问我能不能增加一次！"她笑着说。

这当然也是挺重的负担，不过这是她愿意为友谊付出的代价。

我觉得她特别勇敢。说出这些话是很难的，既要克服对"自私"的恐惧，也要克服对"无能"的恐惧，承认彼此关系的限度。

这让我想起一句话：在成为一个更好的人之前，你可能先要成为一个更"坏"的人，因为后者更真实。同样，在保持长久的亲密关系之前，你可能先要学会独立和分离。

可是，很多人宁可保持某种依赖关系，也不愿意看到边界的存在。我猜这是因为我们很难面对这样的事实：人生而孤独。我们既无法让别人承担我们的命运，也无法帮助别人承担他们的命运。我们所能做的，只是照顾好我们自己，然后让他人照顾好他们自己。边界把我们分割成一个个独立的个体。有时候，为了摆脱这种孤独感，我们会尝试越过边界，去跟他人建立更亲密的关系，分享更多彼此的生活，最终却还是发现，边界是客观存在的限制，你不尊重它，就可能被它伤害。所以就经常变成你活着活着，能喝酒打牌的朋友越来越多，能聊天说话的朋友却越来越少。

越是亲密的关系，越难识别和遵守边界。和朋友相比，家人的关系更亲密，他们的边界也更模糊，以至于很多人没意识到，哪怕在相互依赖的亲密关系中，也有边界存在。事实上，很多夫妻正是因为无法遵守边界，在两个人的关系中感到窒息，才逐渐远离彼此。

至于父母和孩子，更是如此。孩子生命的前几年，完全依附于父母。他们的边界是孩子逐渐长大成人之后，才慢慢出现的。

但是在心理上（以及事实上），我们会本能地认为，孩子的事就是父母的事，父母的事自然也就是孩子的事。孩子小的时候，父母要负责孩子的全部，等孩子长大了，父母的日子没过好，孩子也有义务去帮他们过好。

于是这样的情节出现在了都市的各个角落：

阿道一边忙着自己的工作，一边操心着老家父母之间的关系，他们已经争吵快十年了。"如果他们的关系变好了，那我就能安心工作了。"他心想。

安安一边幻想着远方，一边惦记着回海南照顾父亲。"我还想继续看看我在社会上怎样做才能够生存下去。我很想继续一边学习，一边工作，可是我的父亲需要我，我该怎么办？"她说。

小雨一边在北京发展蒸蒸日上的事业，一边惦记着要回家买房，照顾得抑郁症的妈妈。"这是我的命，不承认不行呀。"他说。

甘心吗？不甘心。可他们都很难劝服自己，我的事是我的事，父母的事是他们自己的事。因为在他们成长的过程中，家人也会不断以爱的名义，介入他们的生活。如果那时候有人跟父母说应该让孩子独立，估计父母会非常不屑："小孩子懂啥，我这是为他们好！"于是，父母和孩子的生活，被紧紧地绑到了一起。爱和自私，自己的需要和家人的需要混杂在一起，家人的边界，也自然变得模糊，以至于有一天，当孩子长大成人，想重新划定一条边界的时候，孩子却发现自己已经做不到了。

"这就是我的命啊。"他们说。这句话，道出了太多的无奈。无奈的一边，是人口流动的工业文明，年轻人在到处迁徙，寻找自己的生活。无奈的另一边，是流传千年的家族意识、以孝为先的传统文化。

于是，他们陷入了这样的境地，往后一步是委屈自己，往前一步是内疚自责，进退两难，无法动弹。

思考 与 实践

试一试

1. 与父母通信

父母和孩子之间，常常有很多很复杂的爱恨情仇。这些复杂的情绪会因为父母和孩子之间的交流不畅而长期积压，变成阻碍沟通的情结。如果你也有积压的情绪，你可是试着做以下练习：

（1）给父亲或母亲写一封信。在这封信里诉说你对父亲或母亲的真实感受，包括你的愤怒、抱怨、感激或爱，以及所有你最想和父亲或母亲说的话。在写完信之后，把这封信出声朗读一遍。

（2）试着从父亲或母亲的角度写一封回信。同样出声朗读一遍。

（3）你并不需要真的寄出这封信。把这封信收起来，珍藏到某一个地方，在需要的时候，拿出来看。

2. 记录和他人的联结

每天晚上睡觉之前，想想今天和他人产生的时间最长的三次互动。记录下这三次互动中，你是否感觉到了跟他人的亲近和联结。以1～10分计分。如果感觉到非常强烈的亲近，得10分，如果没有感受到联结，得1分。记录八8周。

思考一下，我能做些什么来增加跟他人之间的联结。

3. 慈爱冥想

找一个安静的地方坐下。让自己放松。缓慢而深沉地呼吸。轻轻闭上眼睛。深呼吸，直到自己安静下来。缓缓地伸出右手，放到自己的胸口，感受自己的心跳。

想象某个正温柔对待我们的人。这个人可以是父母、爱人、孩子、朋友。当某个人微笑的脸庞浮现在你的脑海中时，通过最温柔的方式，去碰触和这个人相关的美好记忆。感受自己的心跳，就像感受他的心跳一样。感受你对他的关心和爱，就像他对你的关心和爱一样。

轻声默念：

"愿他平安健康。

愿他幸福快乐。

愿他内心平静。

愿他充满活力。"

…………

按你自己的节奏，试着扩展这些语句的句式。每次默念一句，想象这些美好的愿望像一束光，进入他的身体。

把这些祝福从某个人身上转移到另一个人身上。你的想象也会从某个人身上转移到另一个人身上，并逐渐扩散到家人、朋友乃至整个亲友群体。体会你和他们之间的联结。

在冥想结束时，仔细体会这种温暖，把这些温暖收藏，并提醒自己：如果你愿意，你可以在任何时候都激发这些慈爱、温暖的感觉。

？ 我想问你

（1）哪一个瞬间，让你感觉爸爸或妈妈是真的爱你？

（2）如果你心情不好，谁会第一个发现？

（3）在什么时候，你感到孤独？

（4）生命中哪些人的出现让你感恩？

（5）翻一翻家里的老照片，哪一张最能勾起你温馨的回忆？

？ 你也可以问自己

（1）假如我也为人父母了，我能在哪些方面做得比自己的父母更好？

(2) 假如我结婚了，我会在哪些方面做得比自己的父母
更好？

(3) 我的伴侣带给我哪些新的经验，能够替换我从原生家庭
带来的经验？

(4) 在什么时候，我感到自己被需要？

(5) 如果让我写一些祝福卡片，我会在卡片上写些什么内
容，寄给谁？

多年后 回望

　　这一章的题目叫《爱与孤独》，我本来想讲的，是我们在关系中所面临的普遍的难题和困境。可是修改以后，我把更多的篇幅放到了我们跟原生家庭的关系上。这既是因为我们跟父母的关系是最纠缠、最难分难解的关系，也是因为当我们陷入跟父母纠缠的时候，我们更难去发展其他真正能够缓解孤独的关系。反之，如果我们在外面感到孤独，我们也更容易回到原生家庭，跟我们的父母纠缠在一起。

　　纠缠也是一种联系，我们也会对这种联系寄予缓解孤独的渴望，虽然它经常以失望告终。为什么明明会伤害彼此，我们却还要拉着彼此不放呢？只是因为父母不如意吗？不是，而是因为我们既离不开，又放不下。既不愿意承认我们满足不了对方的期待，也不愿意承认对方满足不了我们的期待。只能拼了命想把对方改造成我们想要的样子，并因为改造失败而责怪对方不配合我们。

　　如果可以，我们永远都希望跟自己的原生家庭保持某种联系，因为原生家庭是我们的来处。我们谁也不能低估父母对我们的影响，就像欧文·亚隆的自传体小说里，他已经一把年纪，早已功成名就，儿孙满堂，梦里呼喊的却仍然是："妈妈，我表现得怎么样？"

怎么才能跟原生家庭建立更好的关系呢？有时候，我们需要先离家，去寻找属于我们的世界，才能再回家，以成人的身份，跟家人保持一种新的、相互支持又富有边界的联系。

怎么离家呢？通常的出路，当然是分离和独立，划定彼此的边界。可是一旦分离了，我们就需要忍受自己的孤独，也要忍受对方因为我们的离开而过不好。这与我们长久建立的忠诚相违背。就像前面文章中的那个女学员，忙着照顾妈妈，却没有空间去发展自己。

怎么办呢？我想起一个故事，讲一个女人出生在一个非常封建的家庭里，她爱上一个男人，但是没能力突破家庭的束缚，最后服从家庭的安排，嫁给了一个自己完全不爱的男人。她嫁给那个男人以后，他们有了一个儿子，她就把所有的注意力都放到了儿子身上。慢慢地，儿子长大，要离家了。临走的时候，儿子就问妈妈："妈妈，我走了，你会孤单吗，会寂寞吗？我走了，你孤单的时候，谁来安慰你呢？"

妈妈说："你走了，我会孤单，会寂寞，也找不到人安慰。可是我不要把我自己的困难变成你不能出去的理由。"

"我不能把自己的困难，变成你不能出去的理由。"这是从父母的视角，妈妈为子女做的最难的牺牲。

这个故事给了我们关于"忠诚"的新的理解。如果我们知道离开是人生必经的道路，如果我们的成长需要离家，那推动"离家"的行为难道不是另一种爱吗？这种行为不仅没有背叛我们的忠诚，相反，它遵循了另一种忠诚，更艰难的忠诚。

第六章

拖延还是
不拖延

后天能做的事，就别赶着明天做了。

——马克·吐温

写小说就像夜间开车。你的视线只达车头灯照得到的范围，
但你还是能走完整段路。

——E. L. 道科特诺

1. 作为心理问题的拖延症
　与作为社会现象的拖延症

经常有一些来访者来跟我讨论拖延症。

比如，有一个来访者，到咨询室的时候，她警惕地看着我。她说自己身上没发生任何不好的事，也没觉得自己心情不好。只是偶尔看看网络小说，拖延着不想看书学习，忽然有一天就发现自己已经四门课不及格了，还收到了退学警告。她小心翼翼地避开父母因为超生而把她留在农村、不让她在人前喊他们爸爸妈妈的童年往事，也不愿意讲几乎从不跟室友说话的大学生活，只是想问："我有拖延症，该怎么办？"

当我说"你拖延是因为你太孤独了"的时候，她却伤心地哭了。

还有一个来访者，她出生于一个重男轻女的家庭，母亲总觉得，女孩子不需要有什么出息，将来在小镇上找个人嫁了就好了。但她并不甘心过平凡的生活。高中时，她就一个人拖着一个巨大的行李箱，抛下因为不同意她复读而与她冷战的母亲，到一个完全陌生的城市去复读。如愿考上一个好大学后，她一直过得风风火火。她津津乐道于自己在创业论坛遇到的福布斯排行榜上的学长、策划的在全校都有很大影响的活动、在各种商业竞赛中获的奖……

她来咨询的原因，也是"拖延症"。

她总是把写论文和考试前的复习拖到截止日前最后几晚熬通宵，而她的成绩却比那些按部就班的同学还好。但她很不喜欢这种焦虑的感觉，也担心这样的拖延症会让她有一天因为过度疲劳而"挂"了。

我问她拖延到最后并完成任务时的感觉，她说："是战斗和胜利的感觉。我很享受一次次在最后关头力挽狂澜的感觉。这让我觉得自己能行。"

"但是也很累。"她补充说。

我曾被邀请去电视台的一个栏目谈谈拖延症。这个栏目的主要收视人群是退休在家的老头、老太太。栏目平时讨论的也都是中医养生之类的话题。编导经常说"昨天那个节目我又好想给自己的脸打马赛克啊"之类的话。当我问她"你们的节目不是给老头老太太看的吗？他们为什么会关心拖延症啊？"时，她说："哎呀，随便啦，你想这么多干吗?！"当我问她具体要讲什么时，她就说："哎呀，你就随便扯吧。"约定是那天下午录节目，她早上才把节目策划和采访提纲发给我。

在表达完对这个编导的这种工作态度的欣赏后，我开玩笑地问她：

"你应该有拖延症吧？"

"当然有啦，"她说，"难道你没有吗？"

我想了想，说："有的。"

我发现，当我们讨论拖延症时，其实经常是在讨论两种完全不同的东西：作为心理问题的拖延症和作为社会现象的拖延症。

作为心理问题的拖延症是沉重的。它常常根植于来访者童年的挫折和创伤经历，也体现了来访者种种无法适应现实的不合理信念。它常常和焦虑、抑郁、成瘾等严重的心理问题相生相伴。这些心理问题远比"拖延"更严重，以至于心理咨询师或精神科大夫在对来访者的问题做诊断时，会忽略相对较轻的拖延问题。它像层密密麻麻的网，把来访者包裹其中，让他们艰于呼吸，难以挣扎。

作为社会现象的拖延症则要轻松一些，以至于当你打趣别人有"拖延症"时，还能引起对方的会心一笑。

在这么一个"人人都有病"的时代，人们喜欢用一些似是而非的心理学概念来表达他们的自我怀疑和焦虑。拖延症没有病重到要住精神病院，也没轻到无关痛痒，轻重刚好。于是它就成了一种流行的时代病。

虽然大家都在说自己有拖延症，但他们表达的意思却不尽相同。有时候，他们是说"我的生活不应该像现在这样——如果不是有拖延症的话"，拖延症不幸成了他们发泄对生活不满的出气简；有时候是说"我做得不够好，不是因为我懒，也不是因为我笨，而是因为拖延症"，拖延症不幸成了自我安慰的替罪羊；有时候，人们说自己有拖延症，只是在自嘲，"我有病我骄傲"。在这种情况下，通常是什么病流行，人们就会得什么病。

拖延症会流行起来，当然也有一些现实的原因。一方面，在我们所处的时代，人人都有很多目标和欲望。想要的东西多了，时间就不再是用来度过和享受的了，而是完成目标的工具和资源。我们没有"用好时间"，就会不自觉地产生内疚和自责感，觉得自己像个败家子。

另一方面，细碎的社会分工经常逼迫我们做自己不那么想做却又不得不做的事情，全然不顾我们自己的感受和意愿。当我们对这些事情产生本能的抗拒时，我们不会觉得是这些事情有问题，而会觉得是自己有问题。还有些时候，事情是我们自己想做的，目标也是很有意义和价值的，但目标实在太远，实现的过程又长，大脑和身体经常不听使唤，偷懒、溜号。于是拖延症就产生了。

所以，当你说自己有"拖延症"时，你可以想想，你在用这个词表达什么，它背后的情绪和问题是什么，以及它对你意味着什么。也许你会发现，"拖延症"并不只是拖延着不做事那么简单，它背后有我们对生活的恐惧和渴望在。

2. 拖延症与自我期待

很多在旁人看来"拖延"得病入膏肓的人，并不觉得自己有拖延症。还有很多旁人看起来和拖延症不搭边的人，却哭着喊着想要混进拖延症队伍。

我遇到过一个来访者，他一周工作6天，每天工作10小时。可是他说来咨询的原因，是他有拖延症。在表达完对他的景仰之情后，我小心翼翼地问他："你的意思是说，你太忙了，时间不够用？"

他斩钉截铁地说："不，我是说，我有拖延症。"

他的工作效率并不低，大部分时间都被工作占满了。如果非得说有病，与其说他有拖延症，倒不如说他有强迫自己工作的"强迫症"。

偏偏很多像他这样努力工作、积极上进的人，也觉得自己有拖延症。这常常是因为，他们心里都有一个过于理想化的自我。和这个理想化的自我相比，现实的自我永远都不够好。他们觉得正常的自己就应该是一直专注而高效的，像个上紧发条的机器，永不疲惫。一旦表现出松懈，他们就会对自己心生不满，觉得自己拖延、效率低下，并恶狠狠地责备自己。他们常常这样问自己："为什么别人看起来更有效率，我却不行？"

"为什么我前一段时间能心无旁骛，效率很高，现在却不行？"

他们得出的答案是：我有拖延症。这个答案能够让他们把拖延行为当作一种病症排除在自身之外，能让他们保持对理想自我的想象。

除了过于理想化的自我、对成功的强烈渴望，他们说自己有拖延症，也常常源于对意志力的误解。比如，他们会误认为意志力是完全主观的，能随着人的意愿而改变。如果他们表现出了松懈，他们就会认为不是意志力的客观限制，而是自己在偷懒。曾在某个阶段保持专注和高效后，他们也容易误以为自己在每个阶段、每个任务中都应该保持这样的专注和高效，否则就有拖延症。他们曾经用12秒跑完了100米，所以在跑马拉松的时候，仍期待自己保持这样的速度。

他们很少这么想：偶尔出现的拖延，会不会不只是一个问题，还是一个提醒。它提醒我们生活的其他方面出现了问题，比如工作时间太长、工作结构不合理、工作时间占用了生活时间，因此，大脑用拖延表示抗议？

我见过一个管理咨询顾问，他是少数觉得自己没有拖延症的人。他克服拖延症的策略是这样的：如果工作任务需要三天完成，他就前两天用来看书闲逛，到第三天再全力以赴。最后一天当然非常紧张，他常常只能扒拉几口饭，熬到深夜，在书桌旁工作一整天，在deadline（最后期限）到来之前有时还会遇到各种惊险，但无论怎么样，任务总会如期完成。

他觉得自己没有拖延症。

我曾经仔细询问过他这种工作习惯是怎么形成的，问："你就不担心工作完不成或者工作质量得不到保证吗？"

他告诉我，他以前是接到任务，从第一天就开始做。后来他发现自己实在太拖沓了，不仅工作效率低，还做不了别的事，所以干脆主动尝试把工作放到最后一天完成。他仔细考察过自己花三天完成任务和花一天完成任务的工作质量，发现差不了多少。无论怎么样，工作最后总是会完成的，而且他清楚自己最后一天的潜力。

像他这样的人可真不多。倒不是说喜欢把事情拖到最后一刻的人不多，而是说能像他这样主动选择拖延的人可不多——反正要拖延，我就认命吧！很多人都有类似他之前的工作状态，最开始东搞西搞，最后连滚带爬滚过deadline。但大部分人从接到任务的第一天就开始焦虑了，如果这时候让他们先做会儿别的，他们会觉得自己犯了大错。虽然他们也经常在最后一刻才把工作做完了，但他们却会觉得，自己要是能早点动手，就不用承担deadline之前的焦虑了。明明是他们自己选择了把工作留到最后，回过头来，他们却觉得，该承担责任的是那个叫"拖延症"的小妖怪，而不是他们自己。"拖延症"能够帮助他们逃避这样的事实：他们一直都有选择，只不过他们选择了拖延。

3. 拖延症的原因

3.1 诱惑与拖延症

有一本书叫《深度工作》，讲述了深度工作的价值，以及在互联网环境中，保持一种深度工作的可能性。我读了这本书最大的收获，是想去乡下买个小房子专心写作，过与世隔绝的生活，就像书里举的卡尔·荣格的例子一样。我花了很长时间在网上找哪些乡下的房子合适。当然这个想法最后并没有成真，但它又成功地给了我一个理由，拖延了我对本书的修订。

其实我们每个人都知道深度工作的重要性。可是目前的环境，让深度工作面临前所未有的压力。几乎所有的互联网公司和自媒体都在绞尽脑汁抢夺用户的注意力，其推出的这些产品简直就是注意力的杀手。有段时间我打开抖音，发现自己刷得根本停不下来，最后只好卸载了事。相比之下，用于深度工作的注意力简直不堪一击。甚至有一些研究表明，互联网环境正在塑造我们的大脑，让我们变得更愿意加工碎片化信息，弱化了我们深入思考的能力。

为什么会这样？我们经常陷入现在的诱惑和未来更长远利益之间的冲突。按照心理学家沃尔特·米歇尔教授的说法，人的大脑存在着两个系统："冷系统"和"热系统"。这两个系统是长远利益与当前诱惑在我们大脑中交战的战场。"冷系统"的区域在我们的前额叶，它是理性的、自我控制的，它更高瞻远瞩，能为更长远的利益考虑，它在不停地提醒我们"想想未来，想想未来"。而"热系统"的区域在海马旁回和边缘系统附近，它是人脑最原始的部分，和我们的情绪有关。而很多注意力的诱惑，都是在激发情绪上下功夫。当这个系统被激活，无论是出于及时行乐的诱惑，还是出于焦虑和恐惧，人很快就会被吸引。情绪代替了思考，人因此失去了深度工作的能力，变成了一个不停激发情绪的机器。

3.2 压力与拖延症

诱惑会激发"热系统"。压力同样会激发"热系统"，让人产生逃避的冲动。

很多人觉得，压力会带来动力，没有压力会让我们更懒散和拖延。因此，给自己施加压力往往成了这些人战胜拖延的"秘诀"。我们喜欢在拖延之前狠狠地恐吓自己，在拖延之后强烈地谴责自己。可结果经常是，当我们这么做的时候，拖延变得更严重了。

该怎么理解压力和拖延之间的关系呢？

一般的说法认为，压力和动力的关系是一个倒U型曲线。当压力强度在曲线转折点的那个最佳值时，人的潜能最容易被激发，压力最能创造动力。过了某个值后，压力会产生更多焦虑、抑郁等负性情绪，人就会拖延着不愿去面对问题。这个理论有合理的部分，但它并没有说明工作的压力来自哪里，以及什么样的压力会引起逃避反应，什么样的压力不会。

实际上，决定一个任务是否让人有压力，不是这个任务的难度、时长，而是我们与这个任务的关系。它是我们想做的吗？我们觉得这个任务有意义吗？我们能自主地决定这个任务的进程吗？我们能胜任这个任务吗？如果这个任务做砸了会怎么样呢？

假如这些问题的答案就是我们想要的，任务再艰难，我们也愿意去面对挑战，并从这样的工作中找到成就感。但假如答案都不是我们想要的，任务再容易，我们也会觉得压力重重，并想要逃避和拖延。

我遇到过一个学生，家里很穷，父母举债才凑齐他的学费。大四那年，他面临这样的窘境：如果无法在一学期之内修完四门课，他就要延期毕业，甚至被退学。可就在这时候，他沉溺网游。他完全知道自己顺利毕业并参加工作对这个家庭的意义，但当谈到将近的考试时，他却说他已经想明白了，毕不毕业也无所谓了，毕不了业去干体力活，也能帮家里分担负担。

很多"拖延症"的学生，都面临类似的压力。他们有些是因为家庭贫困，也有些是因为父母对他们有很高的期待和要求。他们觉得，自己能把对物质生活的要求降到最低——"怎么样的生活无所谓，有口饭吃就行"。这不过是他们逃避压力时说服自己的借口。正是在拖延和逃避中，他们逐渐失去了改变的信心，不愿意再去面对并解决学习和生活中的问题。

积极心理学之父马丁·塞利格曼曾经想弄清楚狗是怎么得

抑郁症的。他把两群狗赶到A和B两个笼子里，并给笼子通电。A笼子和B笼子用一根铁杆接通，所以两个笼子的狗都经受了一样的电击。区别仅在于，A笼子里有切断电源的杠杆，而B笼子里没有。A笼子里的狗很快学会了通过按压杠杆切断电源，而B笼子里的狗却什么也做不了（当A笼子里的狗切断电源时，B笼子也断电了）。把这两群狗分别放到C笼子里，C笼子里并没有杠杆，但是笼子很矮，狗只要奋力一跃，就能跳出笼子。当给C笼子通电时，原来在A笼子里的狗很快学会了从C笼子里跳出来，而原来在B笼子的狗却趴在笼底，呜呜地经受着电击，一动不动。因为在前面的实验中，B笼子里的狗已经习得了这样的信念："我再做什么也没有用了。"今天这种叫作"习得性无助"的信念，被普遍认为是抑郁症的根源。

同B笼子里的狗一样，人如果也形成了这样的信念，也会很快放弃。面对任务的时间压力，人有时候会产生这样的习得性无助：那种我再努力也无法赶上时间进度的感觉。这时候，压力除了制造焦虑，再也激发不起人的战斗欲望了。甚至连焦虑的情绪，也会逐渐转为抑郁，人就开始彻底放弃。

所以说，压力是拖延症最大的盟友，甚至可以说，拖延症的问题，在某种意义上，也就是压力管理的问题。

3.3 完美主义与拖延症

与我们的常识相悖，拖延症患者并不是没有上进心。相反，他们中的很多人对自己都有很高的要求。拖延症患者中也有很多的完美主义者。

也许你会好奇，自己的任务从来都差强人意，连自己都不太满意，工作的过程又是拖沓低效，这也算完美主义吗？

是的。完美主义并不是以工作结果或者工作过程来评判的，而是以你对自己的期待来评判的。

我自己以前是这样的：如果接到一个约稿，会忍不住设想这个稿子应该如何构思精巧、妙笔生花，如何让编辑和读者赞叹不已。因为这样的期待，我觉得哪个开头都配不上这篇稿子，所以迟迟无法动笔，直到快交稿的时候，逼着自己随便写点交稿了事。如果要准备一次讲座，我也会在开始前，偷偷设想这次讲座应该如何精彩绝伦，如何影响、改变他人。这么一想我又无法开始动手做第一张PPT（演示文稿）了，最后也只能草草了事。

如果你也这样，习惯在一个任务开始之前，先给自己设立一个看起来不太可能达到的完美标准，并因为这个标准而迟迟无法动手，那你可能也是一个完美主义者。

但并不是所有的完美主义者都拖延。我们身边有很多高效和卓越的人，他们对自己、对工作也有很高的要求，但他们并不拖延。

关于这一点，心理学区分了两种不同的完美主义者：适应良好的完美主义者和适应不良的完美主义者。他们对工作都有很高的要求和标准，但两种完美主义者在信念上存在重大区别。

第一个区别是关于自己的。适应良好的完美主义者不仅有对自己的高标准、严要求，而且相信自己有与这种标准、要求相匹配的能力。他们的高标准与高的自我意象是相适应的。他们想的是：

"我要做到这么好，而且我能做得这么好！"

而适应不良的完美主义者在高标准之外，却常常有与之不匹配的低的自我意象，他们并不相信自己真的能符合完美标准。他们想的是：

"如果能做这么好就好了，可惜我肯定做不到。"

所以高标准只会增加他们的挫败感，提醒他们自己的不完美，而他们偏偏又很难忍受自己的这种不完美。

所以完美主义还是不完美主义本身并不是问题。问题是，在完美主义背后，你的自我认知。

"我是一个什么样的人？"

"我是否在追求我配得上的东西？"

"我会成功吗？"

当你以完美主义要求自己，并觉得那不过是你在追求一个够不上的自己，而周围有一群人在等着看你的笑话，这种完美主义就会让你变成适应不良的完美主义者。久而久之，你就会拒绝行动，所有的行动都带着天然让人羞耻的标签：你在追求你配不上的东西，甚至连你的雄心都不应该有。

可是如果你觉得自己本来就很好，只有那些完美的标准才配得上你，你就会不堪忍受自己在工作中敷衍。因为最终呈现的工作也是你的一部分，是你自我的延伸。你不想让不合格的工作污染它。

是什么造成了两者的差异呢？很多人会说批评。据我的观察，确实有很多不能行动的完美主义者，他们的成长过程受过很多批评和苛责。可是正如表扬不一定是好的，批评也不一定是坏的。表扬一件不够好的工作，有时候就是在传递"就你这样，你能做成这样已经不错了"的贬低。同样，有时候批评一件工作，也可能是在传递"我相信凭你的能力，你能做到的要比这个好得多"的鼓励。

真正的问题是什么呢？是自我是否会被接受的安全感。一个学画的孩子如果不断被父母批评，他就会形成这样的信念："我必须要画出完美的画来，否则就会被批评。"这是高的完美标准所造成的不安全感。同时他还会想："因为我经常被批评，我一定不够好。"这是低的自我意象所造成的不安全感。当这两种不安全感叠加起来，变成不被接受的恐惧和失败，那这种不安全感，就会造成适应不良的完美主义者。

第二个区别是关于失败的。适应良好的完美主义者虽然同样讨厌失败，但他们会把失败看作成功路上必然的经历，看作成长和学习的机会。在他们看来，一个人的知识和能力是可以不断增长的，而失败正是"刷经验值"的过程。所以他们能在失败后很快调整自己，重新出发。而适应不良的完美主义者却把一个人的能力看作固定的东西，而他们所面对的每个任务都是对自己能力的证明和考验。他们的心里存在这样的信念：

"如果我不能轻而易举地完成这件事，说明我不够聪明，缺乏天赋。"

"如果我努力后仍然失败了，这是一件很丢人的事，还不如当初不做。"

假如你还记得本书第一章的内容，你就会发现，适应不良的完美主义者，秉持的正是僵固型思维。他们会把每个任务当作威胁而不是成长的机会。而失败也总会给他们带来很大的挫折感。适应不良的完美主义者对成功的想法也很一根筋。有时候一次考试失败都能动摇他们的人生信念，觉得自己就此完蛋了。

我遇到一个博士生，明明该发表的论文已经发表了，导师也催促她赶紧毕业了，她的毕业论文却一拖再拖，最终一再延迟毕业。她觉得自己在"思考"前面所写的论文的问题。"这个论文的框架还不够完整""这个实验数据虽然能自圆其说，但还有另一种可能性无法完全排除"……她不断思考这些缺陷，但有些缺陷又无法弥补，结果问题越想越多，论文写作也越来越拖。

她害怕的，是评审的老师和答辩的老师说她的论文不够好。她害怕被否定，宁可在自我批评中拖延，也不愿去面对费力挣扎却仍然可能失败的风险。拖延，成了逃避失败风险的无奈选择。

3.4 孤独与拖延症

拖延的另一个重要原因，是孤独。我有一个作家朋友，叫张春，现在她也是心理咨询师了。有一天很认真地跟我说，她发现身边那些有拖延症的朋友都很孤独，所以她总结说，所谓拖延症，其本质就是"缺爱"。她对自己的研究成果很得意，让我鉴定一下。

我很认真地思考了她的说法，觉得她说得对。

拖延症患者经常陷入巨大的空虚当中。他们经常怀疑自己所做的事情的意义，甚至怀疑整个人生的意义。所以他们需要在网游、酒精、当下肤浅的感官刺激中去寻找存在感。

还有什么比觉得这件事没意义，更容易让人拖延的呢？

拖延症患者常常缺少这种因爱产生的意义感。一方面，他们是孤立的，并不觉得自己有人在乎，也不真的在乎别人。因此，当面临一个任务时，他们对拖延可能造成的对未来自己、对他人的影响漠不关心。但这种孤立和冷漠的感觉让人很难忍受，需要通过其他感官刺激来确认自己的存在感。另一方面，孤独的人也很喜欢刷朋友圈、微博和社交网络，这既是他们与他人建立联系的渴望和努力，也避免了他们与他人真实交往所带来的压力。这些微弱的联系缓解了他们的部分孤独，但却把他们的时间截成了碎片，让他们更加拖延。

所以，从根本上说，拖延症反映了人类固有的意志力缺陷。而这种缺陷的背后更深刻的情绪感受同样不能忽视：希望和恐惧、梦想和现实、自我超越和自我怀疑……在一对对矛盾中挣扎着等待突破的人性。我们正努力寻找和世界、和自己的相处之道，而这条道路，最终还是会指向我们自己独有的成功和幸福。

4. 自我谴责和自我谅解

很多人觉得，在和拖延症的斗争中，他们仿佛分裂成了两个自我：上进、正义的自己和堕落、邪恶的自己。上进的自己经常责备堕落的自己。堕落的自己则经常无地自容，觉得自己一无是处。内疚和自责就这么产生了。

我们乐于看到自己的内疚和自责，是因为我们本能地以为内疚和自责是我们对抗拖延的朋友。我们相信，当屈从诱惑或者开始拖延时，需要有一个严厉的声音对我们提出批评——就像孩提时父母和老师所做的那样。所以，成功学的口号从来都是："想成功吗？那就对自己狠一点。"我们自然觉得，自己之所以拖延，就是因为对自己不够狠。于是我们更加自责。

可谁又不是一边内疚，一边拖延着呢？

内疚和自责能用于抵抗拖延是一种错觉。通常的情况是，我们在上一次拖延中对自己的态度越严厉，下次拖延就越严重。内疚和自责会让我们陷入"放纵—自责—更严重的放纵"的恶性循环。内疚和自责会降低我们的自尊，让我们觉得自己懒惰、一事无成，进而破罐子破摔。内疚和自责也会带来更多的压力，而压力会让我们更容易屈从诱惑。

那怎么办？如果不对上次拖延感到内疚，我们有什么办法来抵御下次拖延呢？难道真像网上段子说的，当那个堕落邪恶的自己说"别学习了，出去玩会儿吧"，那个上进正义的自己也要跟着说"好啊，好啊"才对吗？

也许真该这样。凯利·麦格尼格尔在《自控力》中讲到，和我们的常识相悖，当人们屈服于诱惑时，不让他们感觉到内疚，相反，让他们感觉到快乐，居然能够增加人们抵御诱惑的能力。因为相比于内疚，自我谅解反而更能增强责任感。一旦摆脱了内疚和自责，我们反而能够思考为什么会失败，而不是简单地把原因归于自己的无能。我们也不用消耗大量的心理资源去安抚内心的挫败感了。这样，我们反而有更多的心理资源增强自控力，在和诱惑的战争中重整旗鼓。

通常我们认为意志力是戒律规条，是理性的东西。可是谈着谈着，我们却谈到爱了。事实上，要增加自控能力，同样离不开爱和自我怜悯，这些更感性、更柔软的东西。

现在，让我们来做这样的想象：

想象有一个孩子。他已经尽力了，却因为贪玩的天性没有完成老师布置的作业。再想象你是这个孩子的爸爸或妈妈。你会怎么教育这个孩子呢？你觉得这个孩子希望得到什么样的教育呢？

孩子需要的，不是严厉的批评，当然也不是放纵，而是那种带着爱的规范，慈爱而坚定。坚定是不忘目标和方向，慈爱是能够原谅和接纳，毕竟他只是个孩子。

你就是那个孩子。你也应该成为自己慈爱而坚定的父母。告诉自己，自己只是一个凡人。接纳自己的不足，爱自己。在拖延之后，用自我激励代替自我谴责，提醒自己能够做得更好。同时，不把上一次的拖延看作需要偿还的欠债，而把它看作一个结束。带着新的目标轻装上阵，重新出发。因为说到底，能把我们从拖延的泥潭中拯救出来的，还得靠爱啊。

5. 与自己谈判

改善拖延症很重要的一点，是处理和自己拧巴的关系。你不能对自己太苛刻，但也不能对自己太放松。既然不能谴责自己，不如我们学着跟自己谈谈。

自我管理的本质，就是自我谈判。

（插句题外话，自我管理和管理员工的道道是完全一样的。你知道怎么激励别人，也就会知道怎么激励自己。相反，如果你管不好自己，你也难让别人服你。再插句题外话，与自己相处其实跟与别人相处的道道也是一样的。你知道怎么和别人相处好，你也就能跟自己相处好。相反，如果你跟自己的关系很拧巴，估计你和别人的关系也好不到哪儿去。）

拖延症的特点之一，就是很难从娱乐状态切换到工作状态。而一旦投入工作，需要的意志力就没那么大了。就像启动一辆汽车需要很大的动力，而一旦正常行驶，它对动力的要求就没那么高了。问题是，我们经常会打断这种行驶进程，看看网页、聊聊微信，并觉得这不是什么大不了的事，我们会很快回来。可一旦从工作切换到娱乐了，重启工作状态就很耗费意志力。

所以，当你想要上网或聊天时，不要马上去做。但也别恶狠狠地告诫自己不能做。你得跟自己商量：

"你想玩啊？"

"嗯。"

"不玩行不行？"

"憋不住啊。"

"那半小时后再玩行不行？再工作半小时，半小时后允许你玩。"

"那……行吧。"

一旦已经处于正常的工作状态中，你就会发现，自己抵御诱惑的能力增加了。你劝说已经处于工作状态中的自己继续工作，要远比劝说自己从娱乐状态回到工作状态容易。

那怎么能让自己从放松的娱乐状态切换回工作状态呢？

原则是一样的。在娱乐的时候，你会觉得回到书桌旁连续工作几个小时，那简直是人间地狱。你有很多理由让自己继续玩，觉得反正今天快过去了，反正时间还有的是。你甚至能听到自己发誓赌咒的声音："今天不在状态，就玩吧，明天我一定好好工作。"

这时候，又能发挥你谈判的才能了。你可以跟自己商量（注意，要好好商量）。

"你不想工作啊？"

"嗯。"

"不玩行不行？"

"憋不住啊。"

"这样，你先到书桌边工作半小时行不行？就半小时。半小时后允许你玩。"

"那……行吧。"

如果觉得坐半小时太难，你也可以说服自己先工作十分钟。重要的是，要启动工作状态。让娱乐中的自己克服畏难情绪。一旦你进入工作状态，你会发现，继续工作其实也没那么难了。

你一定会好奇，如果半小时后，另一个自己还是想玩，你该怎么办？那就做个诚实守信的自己，让自己玩会儿吧。至少你多赚了半小时，不是吗？

6. 一个故事

关于拖延症，我经常想起一个故事。

从前有一个老和尚和一个小和尚下山去化缘，回到山脚下时，天已经黑了。

小和尚看着前方，担心地问老和尚："师父，天这么黑，路这么远，山上还有悬崖峭壁，飞鸟走兽，我们就只有这一盏小小的灯笼，只能照亮脚下这一点点地方，我们怎么才能回到家啊？"

老和尚看看小和尚，平静地说："看脚下。"

有时候我们会这样，迷茫、自我怀疑、焦虑，看不清远方的目标，不知道该做什么。这时候，如果你只有足够的精力和资源照亮你脚下的一点点路，那么就看脚下。走着走着，回过头，也许你会发现，自己已经走得很远了。

哪怕只做你所能做的最小的事，做着做着，你也会发现，自己已经做了不少了。这也许是我们告别拖延症最简单，也最有效的道路。

思考 ⓦ 实践

试一试

1. 用WOOP思维克服拖延症

心理学家加布里埃尔·厄廷根发明了一套能够增加执行力的思维方式，他把它叫作WOOP思维。完成一次WOOP思维只需要十几分钟的时间，却能带来意想不到的收益。过程如下：

Wish: 愿望。放松，深呼吸。想一个你打算在当天、当周、当月或本年之内完成的愿望。并把它写下来。

Outcome: 结果。想象实现愿望之后的最佳结果是什么。尽量生动地想象达成这个愿望以后的经历和感受。

Obstacle: 障碍。有时候，事情并非如你想象得那么顺利。找到那个妨碍你达成愿望的最严重的内心障碍。这个障碍可以是某种行为、某种情绪、某个观点或者某个习惯。重要的是，这个障碍必须是阻碍你行动的真正原因，而不只是表面现象。这需要你对自己的行为有深入的了解和剖析。

Plan: 计划。要克服或规避障碍的话，想一个最有效的方法，并把它熟记于心。想象这个障碍出现在何时何地。制订一个"如果……那么……"的计划：如果障碍X出现了（何时何地），那么我就采取行动Y。把这个计划重复讲一遍给自己听。

举例来说，我的愿望是今天能够完成本章的内容（W）。如果能按时完成了，我就能顺利交稿。

一段时间的辛苦终于有了结果，我也能兑现给编辑的承诺，书也能按时出版（O）。

我的障碍在于，我会经常看手机，用微信聊天或者刷网页，一刷就是很长时间。这么做的原因是，当我缺乏思路、写不下去时，我就会有些烦躁，所以想通过手机逃避这种情绪（O）。

所以我制订了一个计划（P）。当我在图书馆写东西时，如果在上午9点到11点30分之间想看手机（X），那我就站起来，伸展一下身体，做几个深呼吸（Y）。

这个方法有效吗？当然。你看到本章顺利完成了，就是明证。

（WOOP思维是被诸多心理学实验证明切实有效的思维方式。具体可参考：《WOOP思维心理学》，加布里埃尔·厄廷根著，中国友谊出版公司，2015年。）

2. 尝试GTD

"GTD"（Getting Things Done）原来是戴维·艾伦所写的

一本畅销书的名字的缩写，后来逐渐发展成了全球性的时间管理方法。

有时候，我们拖延，是因为要做的事情太多、太杂。手里放下了，心里却放不下。这些未完成的事情占用大脑的内存，无法清理，导致了做事效率低下。

通常的任务管理方法，是列出所要做的事情，并按轻重缓急排序。虽然整理了，但所列的任务仍然会被放到内存里，仍然占用内存资源。GTD提出的原则是多做一步，不仅列出要做的事情，而且列出这件事下一步该怎么做：处理、搁置还是丢弃？大脑是很傻、很天真的，一旦你列出了怎么做，大脑就认为你对这件事已经有了主意，它就会放心地把这些事贴上"已完成"的标签，从大脑的内存搬到大脑的硬盘——长时记忆中去了。相比于内存，大脑硬盘的容量自然要大很多。等需要的时候，你可以再把它从硬盘中调用出来。

所以，多做一步，不仅应列出要做哪些事，还应列出这些事要怎么做，也许你会发现，整个世界清静了不少。

3. 番茄工作法

相比于一长段时间，人们在小段时间内更容易集中注意力。番茄工作法就是通过把时间切割成一个个以25分钟为单位的"番茄钟"，让自己在这25分钟内集中注意力，来克服拖延症。具体做法如下：

（1）制定要完成的工作目标。将目标分解成不同的任务，并把任务列入计划表。

（2）设定番茄钟，时间为25分钟。目前手机应用商城上有很多设定番茄钟的App（应用程序），网上也有实体的番茄闹钟可买。

（3）开始完成第一个任务。设置番茄钟，专心致志地工作，直到番茄钟响铃或提醒时间到（25分钟）。

（4）停止工作。在该任务后画一个番茄，表明第一个番茄钟结束。

（5）休息5分钟。活动一下身体。

（6）开始下一个番茄钟，继续该任务。循环往复，直到计划表中的该任务完成。删除该任务。

（7）每四个番茄钟后，休息25分钟。

（8）如果在番茄钟期间，有事情打扰导致工作中断，这个番茄钟作废。在打扰结束后，重新开始计时，重新计算这个番茄钟。

? 我想问你

（1）从长远来看，你的目标是什么？这个目标对你有什么样的意义？

（2）如果不拖延了，你会有什么变化？这种变化对实现这个目标有什么帮助？

(3) 你最在乎的人是谁？如果不拖延了，他会怎么看待你的这种变化？

(4) 有哪些理由能够让你原谅自己近期的拖延行为？

(5) 如果把你的过去清零重新开始，你希望自己在开始新工作时有什么样的状态？哪些积累可以作为你重新开始的基础？

❓你也可以问自己

(1) 我怎样才能找到一个或几个能够相互支持、相互监督的学习或工作伙伴？

(2) 我在哪个空间学习或工作的效率最高？我在哪个时间段的学习或工作效率最高？

(3) 把工作切割成多小的一块时，我觉得自己能很顺利地完成它？

(4) 拖延的任务给我什么样的感觉？什么让我想从这个任务中逃开？

(5) 怎样制订一个"如果……就……"的计划，来阻止自己拖延？

多年后
的
回望

几年前，我曾在知乎出版过一本小小的电子书：《拖延症再见》。这本书参考了市面上比较流行的几本有关拖延症的书——《自控力》《意志力》《拖延心理学》，同时加入了一些我自己的理解。这一章的内容也是脱胎于此。

从书和话题的流行，有时候我们可以窥探社会心理的变迁。在本书初版的时候，拖延症还是一个很热门的话题。那时候很多人都为自己的拖延焦虑。但现在看来，这种焦虑多少有一些"人定胜天"的乐观，仿佛是在说"机会就在眼前，只要我不拖延，我就能抓得住"。当社会的要求和自我的意愿发生矛盾时，他们也本能地把问题归咎于自己，觉得问题不是外在的要求不合理，而在自己太拖延。

今天，在经历了关于"996"、"躺平"还是"内卷"的讨论后，人们似乎开始少了些自我强迫的要求，多了些自我关爱的需要。人们也逐渐认识到，有些不一定是自己的问题。时也运也，有时候环境在这里，就算自我再努力，也不一定有用。也因为这个原因，我觉得对自控、拖延这样的话题，人们的关注减少了。

但还有很多人，深陷于拖延的困扰。如果说行动是我们从头脑走向现实的通道，很多人似乎在拖延中迷失了自己。他们不停地在头脑中寻找答案，在行动与不行动之间内耗，而不知道答案其实是在自我与现实的碰撞中产生的。

为什么会这样？我觉得，一个主要的原因，是我们赋予了行动太多的期许。简单来说，我们想得太远了。如果有人告诉你（并让你相信），你的行动是行之有效的，也许你也愿意去做一些事。可是如果你对这件事的效果是怀疑的，你就会陷入拖延的泥沼，就像用拖延避免头脑中已经注定的失败。

这不是真的。行动并没有一锤定音的功效。就像我前面说的，答案不在你的头脑里。一旦你开始行动，就会有新的变化出现。而最终的结果，不取决于这些新变化，而取决于你对这些变化的应对。我经常用的比喻是，做事情就像下棋，你下一步，现实下一步，你只能根据现实的情况再下一步。而只要你的行动继续，这盘棋永远都不会结束，更遑论输赢呢？

我经常和一些深陷拖延的来访者一起制订一些行动计划。当面临行动难题时，我只是让他们试着想想自己所能迈出的最小的一步是什么。比如让退学在家的学生先出门，让纠结要不要找工作的同学先做简历。有些人会疑惑：这小小的一步有用吗？

这要看你怎么定义有用。如果是要达到你最终想要的结果，这小小的一步不一定有用。可是每一小步的行动，都能创造一些新的可能性。通过聚焦于此时此地的行动创造新的可能性，这是小小一步的意义。

对于深陷拖延的同学，我经常会介绍他们一句祈祷词：

"上帝啊，请赐予我勇气，让我改变能够改变的事情；请赐予我胸怀，让我接纳不能改变的事情；请赐予我智慧，让我分辨这两者。"

如果把这句祈祷词精简一下，就是控制的两分法：努力控制我们能控制的事情，而不要妄图控制我们无法控制的事情。前半句的意思是专注精进，后半句的意思是顺其自然。

生活中有太多我们控制不了的事情。我们控制不了自己的过去、生活的环境，控制不了原生家庭。我们控制不了别人对我们的评价，控制不了别人是怎么想、怎么做的，更控制不了别人是否会喜欢我们。我们还控制不了一个基本的事实：所有人都会死，而且我们不知道自己什么时候会死。只要不承认某些东西是我们控制不了的，我们的脑子里就一直会有一个"它应该是这样"的图景。在某种意义上，前面介绍的应该思维就是对我们控制不了的事情的执着。

什么是我们能控制的部分呢？如果你想锻炼身体，你可以控制自己是否早起，晚上是否去小区散步，还可以控制自己的饮食。就算不能控制自己每天都锻炼身体，每周至少可以保证锻炼一天。可是我们并不愿意控制这些，因为这些事情看起来太微小了，不能马上改变结局，我们宁可由着性子去想那些自己控制不了的事情。

所以，控制两分法的第一步，是思考担心的事情里，哪些是自己能控制的，哪些是控制不了的，并把注意力转移到自己能控制的部分。

但是，很多事情不是非此即彼的。有些事既有能控制的部分，又有不能控制的部分，该怎么办呢？比如，给同事留个好印象这件事。同事怎么想虽然不能控制，可是一个人勤快一些，多帮一些忙，给同事留下好印象的机会似乎会多一些。

对于没办法完全控制的事情，可以使用控制二分法的第二步：把能控制的部分找出来，并做成计划，努力把它做好。

关于控制的两分法，我在《了不起的我》这本书里，分享了更多的思考和阐释。在那本书里，我举了一个例子。我遇到过一个博士生，他还需要发表一篇SCI（科学引文索引）文章，才能毕业。他很焦虑，向我咨询，我们就谈到怎么定目标、做计划。他说："老师，你说得似乎很有道理，但发表文章不是我能决定的。我既不知道实验数据是否理想，也不知道导师是否有空帮我改文章，更不知道编辑会持何种态度，我做计划有什么用呢？"

他说的是实情。这种不确定、不可控的感觉很糟糕，很多人因此陷入拖延的泥潭。可是仔细思考就会发现，每个不可控的事情背后，都有可控的成分。比如，他虽然不知道这次实验的数据是否理想，但知道多做几次实验会有更大机会获得理想数据。他不知道什么时候会有研究灵感，但知道多读几篇文献会有更多的机会获得研究灵感。他不知道导师是否有时间修改文章，但知道多催导师几次，导师更可能给出反馈。"知道"的部分，都是他能做的工作。所以，如果把事情背后可控的部分找出来，并做出计划，我们就不会陷入焦虑的虚无当中，因为我们一直有事可做。

听完我的建议，博士生点了点头，但他接着说："可是，老师，按时毕业对我来说真的很重要，我连工作都找好了，万一毕不了业，可怎么办？"他焦急地看着我，似乎就等着我给他一个保证，保证他这么做，就一定能够毕业。

他的话让我想起了另一个例子。有一次，我去一家公司做关于拖延症的分享。有位听众站起来问我："我想好好利用自己的业余时间，所以给自己制定了很多目标。身体很重要，所以我计划每周跑至少三次步，为此办了健身卡。公司经常有外派出国交流的机会，所以我计划好好学英语，为此报了培训班。同时，我还想读很多经管和商业领域的书，来扩展视野。可我每天一回到家，还是刷手机、浏览网站、打游戏，时间不知不觉就过去了。我觉得自己有拖延症，请问怎么才能有所改进？"

我问他："既然做不到，你为什么还要制定这么多的目标呢？"

他的回答跟那个博士生一模一样："可是我能放弃哪个呢？这些目标对我来说都很重要啊！"

这是一个很有趣的现象。在我的实践中，大部分人都会觉得，控制的两分法对控制他们的焦虑是有用的，可是很少有人能真的做到。因为他们的思维会被另一个问题带走：这件事对我重要吗？

这是人自然分配注意力的原则，人的习惯是思考一件事重不重要，而不是思考这件事能不能控制。而这种思考方式，会把他们的目光引到对最终结果的担忧上，而不是此时此地的行动上。可是对你来说，你唯一能控制的就是此时此地的行动。

想未来可能的结果和想此时此地的行动，对应的是两种不同的思维方式：远的思维和近的思维。所谓远的思维，是关注想象中的、抽象的、远的事情，是思考事情的意义和最终的结局。而所谓近的思维，是关注真实的、正在发生的近的事。远的事能激励我们，近的事能帮我们行动。

在用远的语言时，我们总是先判断一个事情的结果，评价一件事有没有用，再决定要不要做。好像我们需要某种承诺，才能够有所行动。可是，很多时候，一件事有没有用，只有做完才会知道。如果我们不能投入做事，事情通常也做不成。大部分人希望先看见，再去相信。而有时候，我们需要先相信、先投入，才能看见想看到的东西。如果我们一定要在头脑中预想出行动的结果，反而会失去行动的能力。

我有一个来访者，为未来的事情焦虑，觉得做什么都没有用。这是一种习得性无助。我让他每次焦虑的时候，问自己两个问题：

我现在能做什么？

我愿不愿意去做？

我希望通过这样的问题，能把他的注意力引到此时此地，关注最近发生的事。

可是他说："我现在就在想，这有什么用呢？"

我说："你已经熟悉了远的语言，稍不注意，这种语言就会挤进来。现在，不如让我们来试试另一种语言。你能回答一下，你现在能做什么吗？即使在这么没有动力的状态下。"

把来访者从远处拉回现在并不容易。他愣了一会儿，说："我可以去散步、找朋友聊天、品尝美食……"每说完一个项目，我就跟他确认一下，这是他能做的，他点头称是。等他说完，我问他："哪一件是你愿意做的呢？"

他说："我都不愿意。"他想跟我解释原因。我说："没关系，你不愿意，就停在这里。"相比于一个人的不愿意，为什么不愿意又是远的思维了。他的解释，只会把他的"不愿意"固化。我希望来访者能把注意力放到近的地方，所以我打断了他。而且我也想给他这样的暗示：你能控制自己的行为，也需要对自己的行为负责。

他想了一下接着说："我并不是不想试。可是我担心，我会不会真的去做。"

"那么，为了真的去做，你现在能做的是什么呢？"

他想了想，说："我可以做一个笔记，把那两个问题浓缩成一两句话背下来。当我焦虑的时候，我可以翻出来提醒自己。"

"好的。那你愿意吗？"

"我愿意试试。"

于是，这段咨询被浓缩成了两个问题：我现在能做什么？我愿意做吗？

在接下来的一周里，他不断地用这两个问题提醒自己，不要想太远的事情。这两句话像是两个时间的锚点，当他的思维飘向焦虑的时候，这两句话能够把他拉回到此时此地，并有所行动。他的焦虑，也因此减轻了一些。

这也是我经常会推荐给因为焦虑而失去行动力的同学。你需要从头脑走向现实，你需要走到现实中去，你需要在里面。就像我的老师告诉我：

"很多时候，我们的心都是浮的，有很多念头产生，这些念头把我们带离了此时此地。为了让心安顿下来，你就需要有一个焦点。如果你在这个焦点上保持足够长的时间，就会变得专注。一专注，你就在这件事里面了。"

在里面了，你就找到了那条"走出自己"的路。然后，你就会忘了自己。

第七章

空虚和意义感

任谁皆可对生命之道有所怀疑，倘若我们对之无疑，生命反自显其意蕴道理。

——皮亚特·海恩《古鲁思》

我躺在这里，没发现任何意义，但生命一直让我感到惊奇。

——无名氏

1. 没有感觉症

按：我们经常会无来由地陷入这样的状态：看起来生活没什么问题，却总觉得哪儿都不对。想努力改变，却总无力摆脱。后面的答读者信也许能告诉你一些答案。

海贤老师：

您好！

曾有一段时间，我把心理咨询当作医治"病症"的良方。我见了两三个心理咨询师，长期的、短期的。我也曾把心理咨询师看作我的dream job（理想工作）。但是，每次坐到心理咨询室里，了解完基本信息，咨询师都会以这样的方式开头：

"你的问题是什么呢？"

这时，我就会有些茫然。其实我不知道哪里出了问题。是的，我感到痛苦，这种痛苦来源于我的生活。也是这种痛苦驱使我来到这里。但是，我的问题是什么呢？

"换句话说，你为什么来到这里？你想要解决什么问题？"

咨询师好心地提醒我。什么问题？我不知道。我想说，没有问题，其实一切都过得去，每个人都有点烦恼，这没什么关系，熬一熬，就过去了。那么我又有什么理由坐在这里呢？

我又想说，到处都有问题。我的人际关系、学习、生活，我如何看待事物，如何面对困难，怎样活着，似乎都有不对劲的地方。但哪儿不对劲，我说不出来，只觉得痛苦。于是，我便说一些也许双方都可以接受的"问题"——拖延症啦，不善人际交往啦，缺乏自我啦，然后祈望咨询师能在不断跳跃的话题中理出线索，找到我不曾找到的终极问题。

我也在不断地为我糟糕的生活寻找一个解释，希望通过这个解释找到对策，然后让一切都好起来。

我过于苛责自己，习惯否定自己，永远不满足，永远都觉得自己做得不够好。嗯，这是完美主义吧。我作息不规律，这是自控力的问题吧。我遇到困难总是逃避，借由小说、电影构造的小世界来逃避现实世界，把学习任务拖到最后才完成（或者到最后还没完成），这是拖延症吧。

我似乎发现了很多问题，但没有一个得到解决。于是人格理论跳出来，说这是你性格的问题。你就是个INFP（内向、直觉、情感、知觉型）人格，无药可医。面对现实，发挥优势吧。

那我的优势又是什么呢？我并不知道。很多事情我并没有尝试。即使尝试了，也是浅尝辄止。似乎是我的执行力出了问题。

如果有强大的执行力，一切就都好了吧。

于是我制订了满满的计划，一项项高效率地完成了。第一天，我很开心。第二天下午，我觉得有点累，没有完成当天的任务，我很沮丧。第三天，我又开始拖延，当天一项任务都没有完成。第四天，我开始思考这么做有什么意义——我的生活就是不断完成任务的过程吗？这些无趣的任务又有什么意义呢？

哦，意义。看来我缺少一点价值感，一个奋斗的理由，一个梦想。于是，我花很长的时间思考诸如"我的梦想是什么""我活着是为了什么""生活的意义是什么"之类的问题。当然，没有最终的答案。现实里我依旧三天打鱼，两天晒网。

最近看了知乎上某篇文章，我又获得了新的启发。我的问题在于对"价值""意义"的执着。同时，生活的意义不在别处，就在当下。专注于当下，专注于简单的小事。"这次，也许会有点用吧？"我这么想。

老师，您觉得我的问题是什么呢？

或许，这只是应该如何开头的问题。

祝安！

小宇宙

小宇宙：

你好！

读到你这封信，我很不厚道地笑了一下。不好意思，你这么痛苦，我居然笑得出来，真是太没同情心了。

我笑是因为，我想起了你这个年龄的姑娘大概在做什么。她们会追星啊，追剧啊，讨论八卦新闻啊，谈恋爱啊，自拍啊，使劲打扮自己啊……紧跟时尚潮流虽然有些浅薄，但至少给她们带来了简单的快乐。她们是轻快的、透亮的。她们的浅薄也有道理：没有傻呵呵的青春，人又是怎么成熟起来的呢？

你跟她们不一样。我猜你对这些都不感兴趣。你会觉得这些太俗了。但你其实也在紧跟潮流——心理问题的潮流，"拖延症""不善交际""缺乏自我""完美主义"，连"INFP"都算上了。凡是你看到的心理学问题，你都一一安到自己身上，来看看自己是否匹配。

我知道，你急切地想为自己的痛苦命名。你就像一个战士，在黑暗中陷入了"无物之阵"，你感觉敌人就在周围，却看不见他们。纵使你剑术高超、一身力气，也只能一次次把剑挥向虚无的空气。

对一个战士来说，这是多么无力的悲哀。"我的问题到底是什么呢？"当你这么说的时候，我分明听到你在对敌人喊"快现身吧，来与我痛苦一战！"你并不害怕战死，但实在不想闷死啊。

如果让我来定义你的问题，你可能有些抑郁了。很多人以为抑郁是那种撕裂般的"痛"，但其实很多时候不是。抑郁也可能是那种不好不坏、不快乐也不痛苦、想改变又不知如何下手的"闷"。

也许你会奇怪："为什么会抑郁呢？没什么事发生啊？"

问题可能就出在没什么事发生上。你大概是那种什么都很顺的学生。成绩说不上太优秀，但肯定不差。对自己的专业说不上喜欢，但也不讨厌。和周围人的关系说不上多亲近，但也不被孤立。你想反抗点什么，都找不到可以反抗的东西。你的生活就像一潭死水，你能想到的改变，也仅仅是把自己的学习计划做得更完善一些。所以你拖延了。连你的拖延症都提醒你，问题不在这儿。

要让一潭死水活起来，你需要源源不断地把活水引进来。让自己的生命活起来，你就需要生命里发生点什么，尤其是在你这么年轻的时候。那些印刻在我们头脑中的大喜大悲的经历和体验，而不是臆想的关于生命意义的答案，才是真正让生命有质感的东西。

我不记得从哪儿看到，说完整的人应该包含三个部分：兽性、人性和神性。兽性应该是野性的、充满欲望的、撕裂一切的，就像电影《人猿泰山》中的泰山在森林里纵情奔跑，扑向猎物。神性是创造性的、投入专注的、利他和奉献的，就像莫扎特在去世之前写下的《安魂曲》。唯有人性，是人类为了适应社会运转而发展起来的，循规蹈矩、装模作样、瞻前顾后、精明算计，既压抑了兽性，也压抑了神性。怪不得在一个发达的文明社会，人们会普遍觉得无聊。就像从森林回归的泰山被迫穿上了人类的晚礼服，在社会的要求下运转，逐渐忘了自己在森林飞奔的岁月。

也许你的抑郁，正是你身体里的兽性和神性在提醒你不要忘了它们的存在。

如果你实在不知道问题出在哪里，那就给自己制造个问题出来。去旅游，去恋爱，去冒险，去抱怨，去走极端，去开怀大笑，去深夜痛哭，去做任何自己不敢想也不敢做的事。在这个过程中，去发现不一样的自己。只要不违法乱纪，就不要害怕。内心的平静，非得在折腾以后，才会真的得到。

就像崔健老师的歌中所唱：

"快让我哭，快让我笑，快让我在雪地上撒点儿野。

"……快让我哭，快让我笑……因为我的病就是没有感觉！"

其实你的病，就是没有感觉。

祝开心！

陈海贤

2. 不想爱，太麻烦

按：有时候，为了避免受伤害，我们会有意识地避免生活中的麻烦。看起来生活平静了，却平淡到有些无聊。后面的答读者信会告诉你，当我们避开生活的麻烦时，也常常避开了生活的快乐和意义。

海贤老师：

你好！

我今年26岁了。我打小家庭和睦，小康水平。父母关系良好，姐弟关系也好，家庭氛围宽松。父母不会强迫我做什么，要求也不高。网上那些看起来很恐怖的亲子关系，我都没有碰上过。现在做点小生意，吃穿不愁。也有四五知己朋友，没事瞎侃。

现在的问题是，我从来没爱过人，异性没有，同性也没有。我没有社交障碍，从小到大和同学们都相处融洽。在社团学生会里，自己也是一把好手。大学时是学院各种演讲辩论比赛的主力。交际能力不能说左右逢源，但也不差。

但我从来没有爱过一个人。不是感情受伤后的不应期，而是从一开始的冷眼和麻木。看着周围人一个个爱得翻天覆地，我只觉得奇怪；看着周围人一个个爱得缠缠绵绵，我只觉得麻烦；看着周围人一个个爱得分分合合，我只觉得这也可以啊！

我并非对异性没有好感。但是晚上回去睡个觉，就基本上置之脑后了。我也有对异性的性幻想，但是从来没有幻想去和她们生活。我从来没有非常想见一个人，约她们的时候经常拖拖拉拉。上大学的时候，曾经莫名向一个女生表白，几天后她拒绝我，我当时真是如释重负。

不仅是没有爱过人，我对生活也是无感的。认识我的人都觉得我是一个很负责任的人，会很自觉地处理好事情。但我知道那只是因为我嫌不处理好会很麻烦，并不是我多么有责任心。我爱好唱歌，但写信的时候才想起来已经半年没有去飙歌了。我没什么梦想，没什么一定要做的事情，也没有什么人生目标，不觉得人生有什么意义。

我想这一切都源于我的人生太顺利了。没有家暴，没有父母的压迫，没有他们望子成龙的期盼。学生时代成绩一直中上，是老师眼中的透明人。上了个二本的普通院校，也就平平淡淡地毕业了。毕业了自己做点小生意，没有房贷的压力，没有不靠谱的上司，没有钩心斗角的同事，赚的小钱足够支撑我买东西更看重颜值而不是价格……太平淡顺利的人生让我感到恐惧，我不知道我到底有多少斤两。哪一天生活炸了，我不知道我会怎么样。也许会沉沦，也许会振奋，但我想更有可能就是说句"哦"。

我的本科专业是心理学，以我浅薄的学识，感觉这样的状态似乎没有什么问题，但真的没有问题吗？

第一次把我这个问题写出来，胡言乱语一番，但感觉还不错。

谢谢你的这个栏目。

天涯煮酒

天涯煮酒：

你好！

在每篇问答的末尾，我总是会提醒想来信的读者控制一下信的字数。纵使这样，我仍然会收到很多或短或长的信。短到只有几十个字，长到洋洋洒洒几千字——也是，一旦开始表达了，谁还会去管字数呢？

在我心里，一封信的最佳字数，是800～1000字。所以，当我习惯性地把光标放到信的末尾，想看看有多少字时，跳出来的字数统计让我揉了揉眼睛。

900字，一字不多，一字不少。

　　我看了好几次才确认，这900字的整数不是你故意设计的，因为它还包含了我写的7个字的题目。但我猜，你一定注意过多少字是合适的。你也仔细修改过这封来信，我看了两遍，都没发现错别字或病句。

　　这封信的恰到好处，让我开始想象你的为人。你应该从来都是礼貌而得体的，不会在别人面前太低落，也不会高兴得忘乎所以，估计从未情绪失控过。在关系中，你从不疏远，也不会越界。所有的情绪和行为，都符合情境和别人的期待，既没有意外，也没有惊喜，正如你所描绘的人生，它是"顺顺利利"的。

　　礼貌常常意味着距离，无论是对人的距离，还是对生活的距离。但看起来，这种距离并没有让你觉得孤独。你的生活一直都波澜不惊。只是作为一个心理咨询师，我会好奇，这波澜不惊的背后，是否会隐藏着什么秘密，以至于你不仅对"爱人"无感，还对"生活"无感？我不禁脑洞大开地想：

　　会不会你描述的平顺的人生并不是事实，而只是你的愿望？

　　会不会你的生活并不像你所描述的那样举重若轻，你只是想让它看起来毫不费力？

　　会不会你是个深藏不露的Gay（同性恋者）呢？

　　会不会你经历过很重的情感创伤然后失忆了呢？

　　会不会为此你困惑已久，所以才在填志愿的时候选择了心理学？

　　下一步，你会不会为了寻求刺激去计划一个完美的犯罪呢？

　　……对不起，最近侦探电影看得有点多。

　　你让我想起前段时间很多媒体在讨论的"食草族"。这个词说的是很多日本男人，不愿意去公司上班谋生，也不愿意努力工作。他们能把自己的生活过得很精致简约，却对物质和女人都没什么欲望和兴趣。他们宁可把女性朋友当闺蜜，也不想找女友，更不想结婚。专家分析说，这可能是因为上一代日本男人活得太累、拼得太狠，到这一代，拼伤了，所以不当狼了，改当羊了，不吃肉了，改吃草了。

"食草族"虽然少了点力量和血性，但好歹是人畜无害的。也许你就是"食草族"的中国传人。不想有大的野心并没什么，不想谈恋爱也没什么，个人有个人的活法，只要你过得舒服就行。

可是，你的感觉并不好。

人有时候能够骗过自己的理智，但很难骗过自己的感觉。你心里一直有一种隐隐的恐惧，这种恐惧你只用一句话带过了，你担心"我不知道我到底有多少斤两。哪一天生活炸了，我不知道我会怎么样"。

恐惧的背后，常常有渴望在。你在害怕什么呢？又在渴望什么呢？是亲密的温情（最好是不费力气的）、自己的才能的充分发挥，还是去经历各种各样的事，和各种各样的人发生联系，而不是像现在，在记忆中搜肠刮肚，也找不出一个像样的人生故事来？不仅没有爱情故事，连个悲剧故事都没有。

也许你会说，我又不是导演，要精彩的故事干吗？其实你不知道，我们的人生就像一个故事，而人生意义正是附着在故事情节的跌宕起伏中。我们先要有欲望，然后才会有挫折，然后才会在艰难的选择中发现自己是谁。可以说，意义正是我们在对苦难的应对中发展出来的。如果你说，哎呀，这些都太麻烦了，何必呢？顺利是顺利了，可是这样的人生情节，在电影里，是会被导演无情地用"n年以后"的字幕一笔带过的。然后，你回忆起来，也会是一片空白。

也许你害怕的正是这个。

你说你恐惧的是不知道自己有几斤几两，也恐惧在遇到事的时候不知道自己会怎么样，那是对的。这些问题的答案，只有在真的经历事情以后，才能浮现。我一直觉得，我们多少有些低估了苦难的价值，而生活的麻烦，正是苦难的小包试吃。若不是经历麻烦，我们无法变得丰富。至于解脱，更是无从谈起。而这些生活的麻烦，有很大一部分，是关于爱情的。你要知道，你躲过了这些麻烦，同时也错过了很多欣喜。

也许从宏观的角度看，会有一些人一生顺利。出身名门，读好学校，找好工作，结婚生子，生活幸福。但如果你把他们的生活掰开了看，还是会有很多纠结、裂痕、无奈。生活就是包含着苦难和麻烦，但这也正是生活的活力和滋味所在。

也许，你所经历的顺利，正是你最大的不顺利。又也许，因为你现在经历得不顺利，让你的人生又开始慢慢变得顺利起来了。谁知道呢？

祝好！

陈海贤

3. 每天劝自己好好活着

按：活着本是一件自然而美好的事。但有些人却需要经常给自己找理由，劝说自己好好活着。后面的答读者信中想跟你探讨，活着的意义究竟在哪里。

海贤老师：

您好！

我是一个家庭幸福、夫妻和睦、孩子（两岁）可爱、工作稳定、本科学历、热爱生活的女青年。我也没有抑郁症。

我生活得看上去挺努力的。不努力的部分是因为懒惰。我对生活还蛮好奇的，读书、学习专业以外的学科、玩游戏、练习厨艺、养狗。我也有一些朋友，但没有一个能让我说出这样的话："我每天都在劝自己好好活着。"

我每天都在劝自己好好活着。

"只有活着才会有各种各样的可能！"

"人生没有意义，人生的意义就是去找出意义！"

"觉得没有意思是因为我视野太窄、懂得太少！"

"父母养我那么多年，老公为我付出那么多，孩子那么小，我死了他们怎么办？"

"明天一定会有好事的，起码巧克力还是甜的！"

"我过得已经很幸福了，我根本没有理由寻死！"

"死会很疼、很痛苦！"

"电视剧还没看完……"

"活都活了……"

"不要想这个，马上想想别的事……（我能在10秒内让自己注意力转移，嗯，工作的时候也可以。）"

……甚至是"死过人的话，老公会很难处理这套房子……"

我平均每天至少会想到三次。记录过自杀干预热线/网站；看到自杀的新闻觉得他们很可惜、不应该；除了超速驾驶、开车时故意走神、骑摩托车的时候乱捏刹车以外，没有尝试过其他行为。

其实我平时还是常会感到愉快，也很想得开。多么不可思议的，乃至变态的人或事，我都觉得很无所谓，完全可以理解，甚至觉得为这样的小事费神有什么意思呢？

我总有一种"古来万事东流水"之感。我不过是在完成应该完成的任务，尽该尽的义务。我很容易沮丧。沮丧的理由也莫名其妙，包括人类会灭亡，宇宙会热寂，吃了的巧克力会变成"翔"……

期待自己死于很酷的意外，火山喷发和海啸尤佳。至于噎死什么的……还是让我好好活着吧……

我那么努力地想要活着，那么我根本不想自杀，对吧？只不过是偶尔情绪低落，矫情罢了。

我很希望得到老师您的回复，但您可以永远都不用回复。这样我今天劝自己的理由又多了一个：

"我给一个很棒的心理学家发了咨询邮件呢，我为了活着又做出更多努力了。"

"还没等到回复呢，死什么死……"

漾漾青溪

凌晨1点

漾漾青溪：

你好！

我有一个好朋友，是个抑郁症患者。因为我是一个心理咨询师，她就有这样的便利，经常来咨询我该怎么做。我尝试教过她一些简单的、被很多实验证明有效的心理干预方法，包括"留意和记录生活中的好事""识别并反驳自己的消极想法"等等。这些方法被设计出来的初衷就是努力让人活得更积极一些。她很认真地做了，但效果似乎并没有想象中那么好。

她经常还是会想到死，想死的时候，就会跟我说：

"你看，我已经努力这么长时间了，我都已经赢了这么多次了，我就不能休息一下，让自己输一回吗？"

我无言以对。沉默了很久，我只好跟她说，如果你真的决定要放弃了，请你提前告诉我，好让我有心理准备。

几年前，我关注过积极心理学的内容，也经营过一个叫"幸福课"的专栏。正如这个分支学科的名字，"积极"心理学一直在强调研究人的积极面，也在传递这样的价值观："人应该积极、幸福地生活。"可是一旦"幸福"变成了另一种应该，它也会变成让人幸福不起来的压力，就好像因为我不够幸福，所以我就有什么重要的缺陷和问题。

很多时候，不幸福不代表你有问题，而有时候仅仅是因为，真实的人生就是复杂而艰难的。摆出积极的姿态容易，感受到真正的幸福却难。于是就有人问我：

"老师，我能不能不积极？"

"我能不能不幸福？"

"我能不能不努力活着？"

我知道问这些问题的人，也并非不想要幸福——谁又不想呢？只是，"不幸福的生活"更接近他们所理解的生活真相。"不愿积极了"，也更像他们眼中真实的自己。如果我们对这些问题的答案统一只是"不，人应该积极地生活"，那么，积极不过是另一种"必须如此"的政治正确罢了。

我觉得，人的自由意志，人做选择的权利，是要大于积极和幸福本身的。所以，我所理解的积极生活，不是"应该"，而是"想要"。它从来只是一个选择，有时候，还是一个很艰难的选择。

更年轻的时候，我也偶尔会想到死，尤其在受挫的时候。但在大部分时候，我只是随便想想。最好的死法，当然是世界末日，这样大家都公平了，我们也不用背负"选择死"的责任了。再长大一点，想死的心倒是少了，而"生活这么麻烦，不如放弃算了"的想法，还会经常有。

可为什么又没放弃呢？

我的理由，和你劝说自己的理由是一样的：父母、亲人和孩子。我的理由，和你劝说自己的可能又有些不同，是因为这些理由从来没停留在头脑的理念里，而是存在于生活的感官中。重要的不是我知道这个道理，而是我能感觉到它。

我女儿今年快两岁了。就在我写这篇文章的时候，她晃晃悠悠地迈着还不稳的步伐，扑闪着大眼睛绕过桌角，抱着我的大腿，一边把小脑袋埋在我的大腿上，一边用稚嫩的声音叫"爸爸"。我的妻子是我大学时的同学，年轻的时候我们一起经历过很多艰难的岁月，现在才稍微有了些家业。我的每一个糟糕的决定，她都与我共担。我的来访者，他们愿意信任我，每周付钱来跟我诉说他们的生活苦恼。我的一些读者，比如你，愿意给我来信，愿意读我的文章。我打心眼里希望他们过得好，这让我觉得自己的存在有价值。

是啊，又有什么理由放弃呢？

也许你直觉到的"人生没有意义"是对的，有时候我也这么怀疑。但只要你所处的关系中，人与人之间的联结是真实的，你就有理由选择相信一些东西。因为你不是一个人。

著名心理学家和哲学家威廉·詹姆斯年轻的时候，也经常想到去死。他思考了很多哲学理念，想帮助自己从抑郁症中摆脱出来。在一个糟糕的冬天，他对自己说：

"我喜欢自由的自主权，喜欢别出心裁地行动，我不去小心翼翼地等待客观世界对我们的注视和为我们决定的一切。自杀看上去是展现我的勇气的最有男子气概的方式。现在，我将随着我的意志再进一步，不仅以这个意志来行动，还要相信它，相信我自己的真实性和创造力……生活需要去经历、去受苦、去创造。"

这是他对自由意志的豪言壮语。不过，最终，帮他从抑郁症中拯救出来的，不是这些理念，而是人。通过与人打交道，他终于结束了哲学臆想症般的自省。34岁的时候，他结婚了。他从稳定的感情中寻找到了一种从未有过的平和。

缓过来后，詹姆斯说，普通而乏味的生活之外，需要一些野性而原始的东西来平衡，否则，人很容易陷入虚无和对生命意义的无端猜忌。我猜这种野性而原始的东西，应该是感觉上的，是与生活真实质感的直接接触，是流动在我们身上的情感。

你说的"古来万事东流水"的感觉，其实佛陀也有。你从这种想法中看到了虚无，并因此沮丧。相反，佛陀却从中看到了丰盛和解脱。在一行禅师写的佛陀传记《故道白云》里，佛陀已经垂垂老矣。他的皮肤已经有了很多皱纹，脚上的肌肉也松软无力了。那时候佛陀已经决定，在三个月后入灭。他和侍者阿难陀最后一次爬上了灵鹫山。在山边，望着夕阳缓缓落下，佛陀说：

"阿难陀，你看，这灵鹫山多美！"

纵使落日转瞬即逝，也无法消解它那刻的美。不信的话，你也可以去爬一次山，看一次日落，感受一下这种生命最原始的美。

祝幸福快乐！

陈海贤

259

4. 人生意义

　　有一个年轻的女士，大学毕业了几年，没找正经工作。喜欢看大冰写的那些讲流浪天涯的奇人异事的书，觉得世俗的生活没太大吸引力。她知道我在佛学院教过心理学，就来跟我探讨佛法。她说她也读《心经》，觉得自己完全可以不理挣钱、恋爱、成家之类的俗事。她觉得自己可以解脱了。唯一的问题是，她经常觉得世间的一切都没什么意义，所以什么也不想做。

　　并不是第一个人这么跟我说。很多人在烦恼时，想从佛教、老子或庄子的哲学中去寻求解脱，结果却发现这些哲学只是增加了他们的虚无感。

　　真实的生活是意义的土壤，当我们跟真实的生活失去联系时，哪怕最高深的哲学，都无法帮助我们领会人生意义。人生意义应该来自对生活的提炼和总结。如果连生活都没有了，又何来意义呢？

　　我觉得任何一种有用的哲学，都应该教导我们自在、投入地生活。既不为生活教条所困，也不从生活中逃离。有人说，少不习老庄，老不读孔孟。这是因为少不更事的时候，我们很容易误解老庄或者佛经的哲学所宣扬的脱离生活的虚无，只有当我们经历足够多事情，才会读出自在和解脱。

　　虚无的反面是意义感。人生到底有没有意义？对于这个问题，不同的人有不同的答案。当记者去问作家陈丹青时，他斩钉截铁地说："人生没有意义！"

人生没有意义。我从很多场合听到过这种论断。我觉得这种说法可能包含三层含义：

（1）在本质上，人生本来就没什么意义。意义是人为了自己的生存构建出来的东西。正如政治经济学家马克斯·韦伯所说："人是悬挂在自己编织的意义之网上的动物。"可以说，整个社会文化的运行，其本质都是为了创造人生存所必需的意义感，以避免人直接面对存在的虚无。

（2）生活的意义是人自己赋予的。关于"人生的意义在哪里"这样的问题，我们都应该是问题的回答者，而不是简单的提问者。我们寻找答案的过程本身，也许就是意义所在。

（3）问人生意义这样的问题没有意义。思考人生意义这样抽象又无聊的问题干吗，不如好好活着，努力做好自己的事情。

积极心理学家乔纳森·海特认为，人在进化中的优胜劣汰不是以个人为单位的，而是以种群为单位的。意义就是我们感受到的与种群的联结。这种意义的按钮在琐碎的日常生活中是关闭的。但是在战争、祭祀或者关系到种群发展的重要活动中，这个意义的按钮就会被开启。这时候，人就会忘了自己，愿意为种群的利益献身，从而让自己所在的种群能够在进化的残酷竞争中占得先机。所以，他觉得，意义感的本质在于我们感觉到了自己和所在群体的联结。

意义的本质在于联结。但推演一下，这种联结不仅包括个体与群体的联结，也包括时间序列中，此刻与过去或未来的联结。

当个人感觉到自己和未来、和他人、和更大的世界有联系时，当个人感觉到自己是更宏大而有序的整体的一部分时，我们就会产生意义感。

就像拼图中，一块单独的拼板，不知道能用来做什么，就会被随意处置。但如果你不仅知道这块拼板，你还看到整体的图景（比如星空），看到这块拼板在整体中的位置，那么这块拼板就有了意义。

这块单独的拼板可以是我们现在所处的阶段，而整体图景，是我们的一生。如果我们清楚地知道我们经由什么样的过去到达了现在，又会经由什么样的现在去往未来，我们就会知道这个阶段在我们人生中的位置，就像知道一块拼板如何构成一个完整的图景一样。相反，如果我们的过去、现在和未来都是割裂的，我们就会感到空虚。

时间轴上，连接现在和未来的，是目标。目标感正是意义感的重要来源。凑合的、没有奔头的人生，会让人觉得空虚。

这块单独的拼板也可以是我们自己，而整体图景，是我们的人际关系。

我们无时无刻不在和他人发生关系，家人、朋友、爱人、同事、社会和国家。人际关系上，连接自己和他人的，是爱。如果我们彼此需要和被需要、爱和被爱，我们就会有意义感。相反，如果我们是孤立的、与人隔绝的，就会觉得空虚。

有一次，我在一个讲座中和大家讨论人生意义的问题。有位女士说，很长时间她都觉得自己的生活没有意义。她是一个公务员，每天做烦琐和重复的行政工作。直到有一天，她忽然真真切切地体会到了生活的意义感。

那天她当妈妈了。她知道有个小生命在依赖着她，所以她得好好活着。

这块单独的拼板可以是我们的人生，而整体图景，是永恒的世界。

总有一天，我们都会死去。"就像一道短暂的光缝，介于两片永恒的黑暗之间（弗拉基米尔·纳博科夫）。"人的一生就像这块孤零零的拼板。

该怎么面对死亡呢？死亡让自我的意识湮灭，我们却不会消失，而会以另一种形式存在。就像一滴水因为汇入大海而得到永生。

人类、生命甚至宇宙的进化历史是一幅超出了我们想象的宏大画卷，我们就是这幅永不停息的宏大画卷中的一环。"自我"是短暂的，但这幅画卷永存。想到这些的时候，我并不觉得虚无，而是感到敬畏。这是我们意义感的最终来源。

思考 与 实践

试一试

1. 回访故地

从出生开始，你在哪些地方生活过？这些地方留下了你怎样的岁月？有时候，意义需要我们和过去的生活有所联结。

回访故地，回忆那些重要的过去。发现自己从哪里来，也许会帮助你了解自己想到哪里去。

2. 为自己写一份墓志铭

想象一下，如果你已经走到了人生的最后阶段。回顾一生，你有过欢乐，也有过伤痛。但是你没有遗憾，也没有后悔。现在，你要给自己写一份墓志铭，来总结自己的一生，总结你珍视的价值，你最希望创造的人生意义。你会希望自己怎么度过这一生?

以"这里躺着×××，他有这样的一生"为开头，写一份自己的墓志铭。

3. 看一次夕阳

有时候，我们感受不到生命的意义，是因为迷失在思维和理智中，迷失在钢筋水泥的建筑中，因而失去了与大自然的联系。

重回大自然。你可以去某个公园、河边，或者山上，重要的是去一个远离都市、视野开阔的地方。看夕阳缓缓落下。也许你更能了解生命的美丽和易逝，重新找回生命的质感。

? 我想问你：

（1）你所经历的最快乐和最悲伤的事情分别是什么？

（2）目前为止，你在生命中最珍惜的一段时光是什么？

（3）你所做的最勇敢的一件事是什么？

（4）人生的哪一刻，你觉得生活是充实而充满意义的？

（5）生命结束之前，你希望自己能为这个世界留下些什么？

你也可以问自己：

(1) 假如有一天，我能从自己的烦恼中走出来，我会对那些和我有类似麻烦的人说些什么？

(2) 假如能成为一个小说中的人物，我希望自己是谁？为什么？

(3) 假如人生真的像一幅拼图，我希望这幅拼图像我看到过的哪张画卷？我希望现在的自己处于这张画卷中的哪个位置？

(4) 假如把人生看作一段旅程，我会怎么评价到目前为止的这段旅程？我期待接下来的旅程会是什么样的？

(5) 我现在所做的事情，与人类的进化历史有什么样的关系？

多年后的回望

我没想到，《没有感觉症》这篇文章，还会激起一些涟漪。几年以后，有个来访者从很远的地方来，他说："我是因为看了你很久以前写的一篇文章来的。我觉得这篇文章写的就是我。"

这个来访者说：

"我结婚了，有孩子上小学了。在一个效益不错的国企上班。工作没太大压力，收入也不错，好多年前就买了房子、车子。我生活在一个二线城市。以这边人的眼光看，我的生活已经相当不错了。可我就是提不起劲。对什么事，都无法投入，没什么兴趣。

"我想，也许是因为我缺个兴趣爱好。所以我就努力去找一个爱好。有一段时间，我经常去看话剧演出，也接触了当地的话剧社团，好像自己对话剧表演有点兴趣，可又一想自己没有任何表演基础，也不是那种很'放得开'的人，而且社团里都是比我小很多的年轻人，可能会有代沟，去了几次就不去了。我又想，也许学摄影更适合我这个年纪。我就买了个单反，还报了当地摄影家协会组织的培训班，参加了几次摄影采风活动。刚开始，我似乎找到了一些兴奋的感觉，可很快这种感觉又消退了。拍了没几次，我就把相机给放下了。后来我想，也许相较于向外寻求寄托，可能更应该向内寻求答案，应该加强学习，让自己的内心强大起来。所以我就买了很多课，包括您的课。刚开始听很兴奋，觉得找到了改变的方向，可没过多久，又变回了'听过这么多道理，却依然过不好这一生'的状态。"

他说："我不知道自己怎么了。我好像到处都是问题，可又好像没什么问题。我很长时间都处于闷闷不乐的状态，似乎没什么事情能让我真正快乐起来，生活得很麻木。所以我想来找您聊聊。"

我问他："你的工作呢？你喜欢你的工作吗？"

"不喜欢，但也没有很厌恶。我工作十几年总体上是按部就班的，也正常晋升到了管理层。以前曾经有过争取调整工作岗位的举动，但因为种种原因都没能如愿，所以也就习惯了'被安排'。我觉得现在做的就是一些事务性、流程性的工作，多我一个不多，少我一个不少。近几年，我在工作中处于游离的状态，一直无法投入，应付了事，越来越没有存在感和自信心。就算我上心一点，也不会有什么差别。"

我又问他："你结婚了吧？那你的爱人呢？你跟她关系还好吗？"

"没有太好，也没有不好。她也在当地的一个事业单位上班。平时我们都各干各的。回到家，她看她的连续剧，我听我的网课。除了女儿的事，我们也很少交流。"

没有太好，也没有不好，这就是无处不在，又无从改变的闷。就像毛姆的小说《月亮和六便士》里的主人公做出了巨大的牺牲，才脱离了生活的常规。

莫非人真要这么决绝的改变，才能摆脱这种生活的困境，重新找回活着的感觉？

难道，他就没有自己想要的东西吗？

他说："没有。我从来没有特别想要的东西。在我的印象里，我从来没有要求我父母买过什么，因为我知道，就算要求了也没用。你这么问，我倒是想起一件事来。我高中的时候，我妈妈出差去上海，给我带回来一双鞋。这双鞋是白色的，我觉得款式有点女性化，我不喜欢，不肯穿。我妈坚持让我穿。她说，既然已经买了，就要穿着，不能浪费。我跟她吵了很久，最后实在没办法，就只好穿着它去上学了。最初的几天，我总是下意识地把我的鞋藏起来，生怕同学看见。慢慢地，我也就习惯了。我一直穿着它，直到穿破了为止。"

来访者继续讲他的故事。后来他按父母和社会的要求学了一个"合适"的专业，又认识了一个"合适"的女生，回家找了一个"合适"的工作，买了"合适"的房和车，有了一个"合适"的家。可是，他就是不知道去哪里寻找生活的激情，寻找内心的"我想要"。

听他讲他的故事，我有些恍惚。我好像看到了很多人的人生。困住这个来访者的不是生活的波折，而是另一种东西：常规。就像他们身上运行着社会早已写就的一行行代码，规定了该怎么上学，选什么专业，去哪里工作，在什么时候买房买车、结婚生子，该怎么教育孩子，会如何衰老或死去。这些运行良好的程序，一定在某些看不见的地方刻上了"标准化的人"的字样。

为什么会这样？也许一切需从得不到回应的"我想要"开始。也许是不被重视，也许是觉得它有危险，当我们把我的感觉、我的想法、我的意愿都藏起来，觉得它们不重要时，慢慢地，你也会认不出它们。当有一天你需要它们时，却开始找不到它们。同时迷失的，还有你自己。

所以通过这件事，我又理解了"没有感觉症"。我给那个朋友的回信，说要让生活中真的有一些事发生。现在我想补充的是，不只要让生活中有事发生，也要让我们感受事情的能力重新回来。那根植于生命的本能，就是我之所以为我的证据。如果没有了"我"，"我"就会变成"他人"，而对于他人，我们当然也不会有什么感觉。

在本章的第二封读者来信中，那个觉得恋爱没意思的男生，遇到的是另一个烦恼。当时我在信里说，他是回避了麻烦。可是现在我想说，也许他也有另外的麻烦：他被剧透了。也许对他来说，恋爱或者生活，像是一个早已知道结局的故事，让他无法投入。

在信里，当我脑洞大开地说：

"会不会你是个深藏不露的Gay呢？

"会不会你经历过很重的情感创伤然后失忆了呢？

"会不会为此你困惑已久，所以才在填志愿的时候选择了心理学？

"下一步，你会不会为了寻求刺激去计划一个完美的犯罪呢？"

我发现这些玩笑无意中提示了他人生正缺少的一个重要的东西：历险感。就像神话故事里，故事的主角离开熟悉的村落，走进神秘莫测的黑森林，去遭遇女巫，战胜恶龙，寻找宝藏，写就属于自己的传奇。

神话学家约瑟夫·坎贝尔曾说，现代人的精神危机的一个来源，是和神话的内核失去了精神上的联系。要知道神话不只是神话，还隐喻着人自我成长和蜕变的心理历程。可是我们究竟是怎么跟神话失去联系的？对于这位来信的朋友，如果他在走进黑森林的时候，说他有一个地图攻略，把里面有多少妖怪，这些妖怪会什么样的把戏都看得清清楚楚，那他自然就会觉得，恋爱或者人生其他的事情，也都稀松平常了。

为什么会被剧透了呢？是因为我们这个时代对一切神秘的东西都"祛魅"了，还原成了理性、规则和应该，而这种神秘性是人生故事最重要的东西。也是因为，也许我们太恐惧去经历一些事情，所以早早为自己找到了一个所谓人生攻略，却不知这个攻略消除了这段旅程最需要的神秘性和历险感。

想想爱情吧。以前遇到一个异性，慢慢去经历两个人的相遇、结合，成立家庭，共同抵御岁月的侵蚀，这是一件神秘又浪漫的事。如果失去了这种神秘性，性和爱就会变成技术问题，而经营家庭也会变成一种苦差。怪不得这么多人都不愿意结婚了。

可是真的能剧透吗？我们从亲密关系、电影和综艺节目、上一辈的人身上看到的东西，真的能够代替我们自己的亲身经历吗？须知生活的感受和意义，永远都不会是一个动作、一种情节那么简单，永远无法被剧透，无论爱还是痛，只有我们深深投入其中的人，才会有感觉。这是我们为投入所获得的奖励，是传奇历程中真正的宝藏。

坎贝尔还说过一句话。他说："当我们在问人生的意义是什么时，我们实际上在问的是，我们所经历的最深刻的人生体验是什么？"这种深刻的人生体验，就是人生的意义。

从这个角度看，我在文中说我们的人生意义在于以一块拼板的姿态，嵌入到关系的拼图、时间的拼图、永恒世界的拼图时，我其实也在说，也许这种联结会产生深刻的人生体验。而无论如何，任何重要的人生体验，都会指引我们的人生，告诉我们活着的意义。

第八章

接纳与改变

FIND YOURSELF AGAIN

FIND AGAIN YOURSELF

我们先是惹起尘埃，然后却宣称看不见。

——乔治·伯克利

无创造力的心灵能指认出错的答案，但要指认出错的问题则
有赖于创造性的心灵。

——安东尼·杰伊

与其恐惧，不如拥抱。

——库珀·埃登斯

1. 是"生活有问题"还是"生活不如意"？

我父亲是渔船上的机械师。在一艘渔船上，机械师是挺有技术含量的工种，要负责船舱设备的正常运转。每次渔船经历远航后回港，他都要忙着修理船上的机器，换个活塞片啊，紧紧皮带啊，校校齿轮啊。连带着，我们自己家里的电灯、马桶、电扇之类的东西坏了，都是我爸拆开来修的。

他经常说："这世界上没有修不好的东西。什么东西坏了，只要你能找到问题的症结，找来原材料，就能修好。"

我曾对我爸的话深信不疑。那时候，我正读书，从小学到高中，每天都要面对堆积如山的作业和试卷。尽管作业和试卷中多的是我不会答的问题，但我知道这些问题其实都有答案，只要我努力，总会找到，就算找不到，也会有人知道。

后来我成了一名心理咨询师，开始和各种各样的人聊人生。每个走进咨询室的人，都带着困扰他的问题。有些人经历了一些重大的人生变故，比如美好的生活因为宝宝忽然得重病而被打破了；公司倒闭失业了；结婚多年的爱人出轨了……有些人则遇到了一些琐碎的生活烦恼，比如学习成绩不够好，怎么努力也上不去；错过了自己心仪的学校或者专业；见到陌生人总是容易紧张……

"怎么办呢？"他们向我诉说他们的生活，然后茫然又急切地望着我，像指着一台坏了的机器，等着我指出问题的症结，再把它修好。

于是我努力分析问题。你看，"这是一种消极的认知模式""你没有发展出合适的应对策略""你童年的经历损害了你的自尊""这是缺爱的表现"……

"嗯嗯。"他们频繁地点头，让我觉得自己说的很有道理。

然后，他们就不来了。

有一段时间，我很困惑。为什么我不能像我爸一样，找到症结，买到替代的零件，三下五除二把问题解决了呢？后来我才慢慢明白，修理机器、解数学题和解决生活问题并不相同。修机器或者解数学题时，你是超脱在问题之外的，但是面对生活问题时，你是纠缠在问题之中的。你解决问题的能力，本身就受这个问题的限制，是这个问题的结果。更何况，很多时候，生活中有太多因素是你无法控制的，但是它们却实实在在地影响了你。

那能怎么办呢？无可奈何的时候，我也会向来访者承认：

"我可能做不了很多。我所能做的，只是陪伴你度过生活中这一段艰难的时期，等着生活慢慢出现新的转机，等着你身上转变的种子慢慢发芽。"

"好吧。"他们叹了口气。可是下次，他们还是来了。

我发现，很多人所遇到的困难，与其说是"生活问题"，不如说是"生活的不如意"。

"问题"总让人误会，只要找到症结，换个零件，或者找到答案，就能恢复如初。可生活中的有些事，发生了，就发生了，既无法修复，也没有答案。"不如意"则是说，我们总是期待生活往好的方向发展，可万一它拐到了别的方向，想要强扭它，把它摁回正轨，却也是难上加难。更多的时候，我们只能随生活顺流而下，在变化中努力适应。

这么说来，真正的"生活问题"其实只有一个，就是怎么面对和处理"生活的不如意"。

可大部分人并不甘心。他们会用修理机器或者解难题的思路来跟问题死磕，即使收效甚微，也会自然地认为是自己努力不够，或者方法不对。

哪怕是做高考试卷，一道难题不会，我们也可以先放放，做点别的。大部分人却不愿这样做。他们担心自己会在这里丢分，而如果还在努力，虽然没有结果，但是至少还有希望。

承认自己无能为力很难，可悖论是，一旦承认在某些事上无能为力，你所能做的，反而多了。

前段时间，我看到一个咨询访谈。有个年轻的产品经理刚毕业不久，在北京辛苦打拼。虽然他自己的事业刚刚起步，也面临各种问题，可最困扰他的，却不是他自己的生活，而是父母的关系。他父母关系不和，经常吵架。所以他要经常给父母打电话，听父母各自诉苦，想尽一切办法努力让他们的关系好起来。他觉得，自己只有解决了这个问题，才能轻装上阵，去忙自己的事业。

当心理咨询师说"这是你父母的问题"时，他却说："不，这也是我的问题，因为它影响了我的生活。"

他说的有道理。可事实上，父母已经吵了几十年了。虽然他百般劝解，却收效甚微。

也许他遇到的，就是生活的不如意。

于是，咨询老师说："不如我们来聊聊，如果没有这样的问题，20多岁的你，想过什么样的生活吧！"

不如聊聊别的，这听起来像是逃避。问题的空间，却这样慢慢地打开了。问题以外的生活重新回到了来访者的视野。来访者发现，即使他不去处理这件事，仍有很多有价值的事情可做。

这就是生活的好处，除了直接面对问题，别处的进步又会兜兜转转回过来推动我们的生活继续向前。就像焦点疗法常用的比喻，生活像是一个黑白的太极图，你可以把注意力放到"阴"的部分（问题），让其缩小一些，也可以把注意力放到"阳"的部分（问题外的生活），让其扩大一些，最终效果都是一样的，就是让我们的生活变得更好。但相比之下，把"阳"的部分扩大一些，似乎会更容易。

我有个朋友，学美术的。年轻时恃才傲物，总觉得自己会成为一个厉害的艺术家。可未来的远大前程也无法弥补当时的穷。于是她来到旅游景点，在那边支了个画摊，想通过帮人画素描挣钱。

天快黑了，才等来第一笔生意。是一个戴眼镜的中年男人，问她画一幅画要多少钱。她说20元。于是那个男人坐下了。半小时后，她画完了，男人走过来看了看画，哈哈大笑，问她："你觉得像我吗？"

"像啊！"她理直气壮地回答。

那男人说："这样，钱呢，我还是给你，画呢，我就不要了，你自己留着吧。"说完扔下20元扬长而去。

奇耻大辱啊！这个还没上路的年轻艺术家狠狠地把画撕了，捡起了地上的20元，眼泪在眼眶里打转。"我一定要弄个框，把它裱起来，"她心想，"我要让它时时刻刻激励我！等我功成名就那天，再把它拿出来，作为我的心灵发展史上的重要事件展示给大家看！"

她气鼓鼓地收起了画架，往回走。走着走着，路过麦当劳店，肚子饿了。一摸口袋，唉，只有那准备裱起来的20元了。她犹豫了一下，走进了麦当劳，掏出那20元。

"给我来个汉堡！"

不知道是不是因为她没把这20元裱起来，而是买了个汉堡，她最终也没变成著名画家。不过我喜欢她的生活态度，不跟问题死磕，随时准备趴下。日子看起来越过越糊涂，其实却越过越清醒了。

2. "放弃治疗"与"自我接纳"

有时候我会遇到一些这样的来访者：

"我觉得自己不够有领导力，虽然我从小学到大学一直是班长，但我觉得自己不够霸气，没有其他人那么有号召力。"

"我觉得自己很差，从大一到现在，我只拿过两次三等奖学金，一次二等奖学金，连一次一等奖学金都没拿过。"

"我觉得自己的性格很有问题。我比较内向，常常不知道怎么和领导打招呼；上台演讲的时候，也很容易紧张。"

"我……"

千奇百怪的说法，归纳成一句话，就是"我有问题"。

你不能说他们说的问题不存在。但如果你认同他们有问题，又总觉得哪里不对。

当我苦口婆心劝这些人"放弃治疗"的时候，很多人会奇怪地看着我：

"为什么要放弃治疗？"

我只好跟他们解释，因为很多时候放弃治疗也是一种治疗。

心理学家森田正马曾经说过，所有的神经症，其本质都是疑病素质。很多完美主义者既有很高的目标，也有对缺陷过于执着的关注。他们会把对世界的不满意延伸到对自己的不满意，从怀疑自己身体有病延伸到怀疑自己心理有病。于是他们来咨询，千方百计想要改变自己。

"我有问题。"

有时候他们很自卑，因为他们确实为他们所认为的问题所折磨；有时候他们又很骄傲，因为他们在以超出常人的完美标准要求自己，不肯放弃。成为普通人对他们而言，仿佛就是一种失败，只是他们自己也没意识到。他们同样没有意识到，他们前来咨询、想要努力改进的行为本身，有时候也正是问题的表现之一。

所以在我看来，"放弃治疗"也是他们需要的一种治疗。它有一个别名，就叫"接纳自我"。

当然我想劝他们的，并不是真的放弃"心理咨询"，而是放弃生活中随时关注缺陷和问题、随时准备治疗自己的焦虑心态。

当我这么建议的时候，一些人会追问："改进自己怎么也有错了？如果我们都放弃治疗了，那还怎么进步？"

错在我们把对自己的不满和焦虑当作推动自己进步的动力。有时候不满和焦虑是一种动力，但并不尽然，有时还有副作用。

真正的进步不是焦虑的自我怀疑，而是平静的自我接纳；不是被对自己的不满驱赶着，而是被美好的目标吸引着。真正的进步都不那么着急，我们默默耕种，耐心等着开花结果，相信成长会自然而然地发生。

而另一些人会追问："好的，老师，既然接纳自我那么好，我怎么才能接纳自我呢？"

他们不明白，接纳自我的本质是舍弃，而不是追求。舍弃我们对生活的过度控制，舍弃我们想要成为"完美自我"的想法，舍弃我们对"完美世界"的执念。我们需要"接纳自我"并不是因为有什么样的好处，而是因为缺陷就是我们生存的事实。很多时候，生活是粗糙的而非精致的，但是这种粗糙背后，却隐藏着另一种生命力，在我们苦乐交融的人生里。

3. "放弃治疗"为什么这么难？

最近我遇到的一个来访者，像是负面标签的收集器。他觉得自己敏感、内向、自卑、不成熟、焦虑、抑郁、有强迫症……所有流行的负面标签，他都乐于往自己身上贴。跟他访谈，我得非常小心，不能轻易说出任何一个负面的词，否则他就会马上把这个词安在自己身上。

但我还是不小心说了。我说："有时候我们的问题就是没有耐心，急于改变。"

"对对，您说得太对了。我就是这样没有耐心，有时候特别着急，总想着快点把事情解决，一点都搁不住事！"

他像是终于找到了问题的症结，急切地望着我："那我该怎么改变呢？"

该怎么改变"急于改变"的状态？这可真让我为难。

最近我在读保罗·瓦茨拉维克等人写的一本小书——《改

变：问题形成和解决的原则》，发现类似"怎么改变'急于改变'的状态"这样的悖论，在我们的生活中无处不在。

当一个来访者说"我的问题就是不能很好地接纳自己"的时候，当一个妈妈一边督促孩子做作业，一边抱怨说"你就不能不用我的监督，自己就好好学习吗"的时候，当一个妻子一边指挥耷拉着脑袋的丈夫，一边抱怨说"你就不能像个男人，不用我来告诉你该怎么做"的时候，当丈夫对着妻子怒吼"你就不能好好说话吗"的时候，他们所做的，正是他们想要反对的。更糟的是，他们所做的，加剧了他们想要反对的。

一些常见的神经症问题，也包含着这样的悖论。失眠的人会因为总想着要睡着而失眠，焦虑的人会因为总想控制自己而更焦虑，抑郁的人会因为责怪自己不积极而更抑郁……

可是，让他们放弃改变的企图太难了。身处悖论中的人会自然地觉得，如果他们不做点什么，事情会更糟糕。于是，改变的企图和问题的症状本身勾结，形成了"问题—努力改变—问题加深—更想改变"的恶性循环。

为了摆脱这样的恶性循环，"放弃治疗"由此成了一种治疗方式。

但要"放弃治疗"谈何容易！

身处悖论中的人的心理状态，很像一所歪歪斜斜的老房子，虽然破旧，但还能遮风挡雨。房子里的人也觉得房子不安全，他想的自然是该怎么修补好它。现在，来了个心理咨询师，告诉他说别补了，得把房子拆了重建，否则这老房子倒塌了会更加危险。正蜷缩在房子角落，千方百计躲避风雨的人，怎么肯主动地走进风雨，去把房子拆了？

放弃防御，去接近和了解内心的紧张和焦虑，就是这样一场巨大的冒险。很多人一直在寻求改变，但很少有人明白，有时候改变不是连续的、符合逻辑的修修补补。它很艰难，就像一个人从悬崖边纵身跃下，去经历原有秩序的破碎，经历那艰难又深刻的顿悟，才能重新站上一块更加踏实广阔的平原。

森田疗法的理念正来源于对"放弃治疗"的领悟。该疗法的创始人森田正马从小就有神经症人格。7～8岁时，他在日本寺庙里看到彩绘地狱壁画，感到毛骨悚然，陷入了死亡恐怖的阴影。12岁时，还在为尿床苦恼。16岁，开始有偏头疼、心律失常、"神经衰弱"、失眠……森田就这样带着他的症状一路痛苦地来到了青春期。

大一时，父母因为农忙，有两个月忘记给森田寄生活费。神经症的人非常容易想多了。森田误以为父母不支持他上学，觉得自己被忽视了，越想越气愤，甚至想过在父母面前自杀。伤心难过之下，他决定放弃治疗算了。他不再吃药了。对"心律失常""神经衰弱"这些原本让他担心得要死的症状，他都以"死都不怕，爱咋咋地"的心态置之不理了。在那段时间，他就只顾拼命看书学习，想把自己累死拉倒。

结果，他不仅取得了意想不到的好成绩，连神经症的症状也消失了。

因为这段经历，森田发展出了著名的森田疗法。这种疗法的核心理念，就是"放弃治疗"，"带着症状生活"。

比放弃治疗更近一步，是不仅不治疗症状，还把它当作目标去追求。我听过一个有趣的例子。

一个老红军已经失眠很久了。他找到了一个著名的精神科医生，跟他说："大夫，我每天晚上躺在床上盯着天花板，翻来覆去睡不着觉，该怎么办？"

医生想了想说："你在说谎吧？怎么可能有人整晚盯着天花板睡不着？"

老红军很有荣誉感，受不了有人说他说谎，急了："我骗你干吗？我到你这儿找乐来了吗？我就是睡不着啊！"

医生说："我不信。"

…………

两人争执了一会儿。医生说："这样，你证明给我看。今天晚上你回去，就盯着天花板，跟自己说，要是我睡着了，我就是个老杂种！你要没睡着，下周再来找我，我向你道歉！"

老红军气鼓鼓地回去了。晚上他盯了会儿天花板，越盯眼皮越重，很快就睡着了。

所以悖论不仅能让人进退两难，还能助人改变。

奥斯威辛集中营的幸存者、心理学家维克多·弗兰克尔在其名著《活出生命的意义》中说：

"一方面，正是恐惧导致了所害怕的事物的出现；另一方面，过度渴望使其所希望的事情变得不可能。"

为了防止"恐惧"和"过度渴望"坏事，他发明了一种叫

"矛盾意向法"的治疗方法。在这种疗法中，他鼓励来访者越是害怕某件事，就越在意向中努力让这件事发生。比如你要准备一个讲座，担心自己会在讲台上脸红、出汗，并因此出丑。你去找弗兰克尔咨询，他大概会建议你努力让自己更脸红、出更多汗。

这个方法之所以有效，同样是因为它制造了一个悖论。当来访者准备认真执行咨询师布置的作业时，无论他是否在演讲中脸红了，他都是对的。如果他不脸红了，这本来就是他咨询的目标；如果他又脸红了，他成功地完成了咨询师布置的作业。当他能够把脸红解释为咨询师要求他做的、"正确"的事时，他的控制感就回来了。而最初正是因为控制不了自己的脸红，他才会焦虑万分。

这就是悖论的妙用：通过制造一个特别的情境，让你从进退两难中解脱出来，重获控制感。

可悖论之外，还有一些别的。森田疗法除了强调"带着症状生活"，还强调"为所当为"。弗兰克尔的疗法，更因为对生命意义的强调而被称为"意义疗法"。当我们为对症状的恐惧所困时，我们也可以想想，为什么那么害怕演讲，我们仍要去做演讲？为什么改变那么难，我们还孜孜不倦地想要改变？因为这背后，有我们所珍惜的意义和价值。这些意义和价值，才是推动我们前进的真正的动力。

4. 我还能变好吗？

"那么，我还能变好吗？"

她的眼神很复杂，焦虑、沮丧、迷茫，又怀着一丝期待。

"有时候，我会非常绝望。"她说，"我读了很多心理学书，学了很多心理学课程，我试图去了解自己的问题、去尝试做改变。我有意放松自己的工作标准，学着对那些我看不上的人友好，可是这些努力却总是半途而废。这么长时间了，我一直都没什么进步。我觉得自己糟透了。"

想起来，遇到杨小姐，已经是10年前的事了。那时候我刚学心理咨询，对任何问题都充满好奇。杨小姐并不是我的来访者。因为我是咨询师，所以经常会有一些朋友介绍他们的朋友过来跟我聊聊。那时候，大家并不觉得这有什么问题，我也是来者不拒，觉得能学有所用很不错，就当积累经验了。

当然这样的关系会有一些奇怪。并不是咨询室里正式的心理咨询，我也会有意避开跟他们讨论太深的问题。但既然我是心理咨询师，他们总希望我能有所帮助，我也不可避免地顺应了这种期待。

我第一次跟杨小姐见面是在一个咖啡厅的包厢里。那是一个炎热的夏天夜晚，杨小姐穿着一件白色的碎花裙子，说话的时候会低头，有时候还会脸红一下。看着她的样子，很难想象她已经是一个公司的高管了。

杨小姐说自己的问题，是觉得自己不够好。她觉得很多心理学书籍和文章中讲的问题，她都有。在平时生活中，她对人有些恐惧，能不接触就不接触。但是在工作中，她又像换了一个人，变得非常苛刻。只要同事的工作不符合她的要求，她就会大发雷霆。所以同事经常在背后议论她，甚至躲着她。这加剧了她对自己的负面评价。她觉得自己糟透了，也有些抑郁。

但不是所有的人都这么看她。比如，老板就很器重她，准备让她带一个挺大的团队，这更让她恐惧，她觉得自己肯定做不好。

我知道这种负面评价。有时候，我们的不安来自别处，比如童年时我们没来得及跟父母建立起亲密关系。但是这种不安最终却总会被归为"自己不好"。当情绪和理智需要协调一致的时候，理智总会屈服于情绪。对杨小姐来说，她无法马上驱散这种不安，所以就把自我评价往负面扭曲了。她对自己的成功视而不见，对自己的缺点却无限放大。这听起来很不合理，但持有这样的观点会让她安心——这才是她熟悉的世界。

我理解这种感受。我想帮她。

于是，我向她摆事实讲道理。我列举了她的很多优秀之处，试图让她明白她并没有自己想象的那么不堪。我还告诉她，不安会如何影响我们的自我评价，在我们的头脑中混淆视听。

经过近一小时苦口婆心的劝说，她好像意识到了什么。她说："谢谢你，陈老师，我觉得你说得对。确实，我就是这样没来由地不停地贬低自己。"

"嗯。"我长吁了一口气，刚想为自己的工作得意一下，她却低下了头，仿佛认罪般地接着说："如果我是外人，看着自己这样不停地贬低自己，传递负能量，估计也得抽自己两个嘴巴。"

她的眼神又黯淡下去了。我忽然意识到，坏了，她贬低自己的武器库里又多了一件重型武器，这件武器是我刚刚添加上去的："我在不停地贬低自己，却控制不了自己！"

这可太糟糕了！让她意识到自己在"贬低自己"非但没能纠正她对自己的看法，反而让她觉得自己更不好了。我得想想别的办法。

想了一会儿，我说："虽然你在不断地贬低自己，但内心深处，也许你并不觉得自己有那么糟糕。"

她迷惑地看着我。我接着说："不信我们来打个赌。如果你能在10分钟之内说出10个贬低自己的词，还不重样，我就输给你100元，否则你就输给我100元。"

她更迷惑了，但也有些好奇："这是什么意思？我说出我的10个缺点，然后你给我钱？"

"是啊，要不要打这个赌？"

"那好吧。"她仍带着点疑虑，但看我胸有成竹的样子，就决定配合一下。

"脾气不好、不宽容、社交恐惧……"她停顿了一会儿，"哎呀，想不出来了，应该没有10个……"

"还有时间，还有时间。"我鼓励她，"才这么几个，你不像是自己所说的那样，是成天琢磨自己不好的人啊。"

她顿了顿，接着说："传递负能量、自控力差、没安全感、不自信……太霸道……悲观……疑心重。"

最后1分钟，终于说完了。她松了一口气，似乎有些沮丧，可这沮丧里也有一些小得意。哪怕是一个故意设计的小游戏，赢了也总是让人开心的。

该清点数量了。不多不少，正好10个。

于是，我从兜里掏出了100元，说："愿赌服输，请收下。"

她没想到我真的会给她钱，连忙推辞："别别，千万别，你听我的问题，我感谢还来不及呢。"

我说："你就收着，我有一句很重要的话要告诉你，你只有收下了，我才能说得出来。"

"啊，那我都害怕听你说什么重要的话了。"她推辞了一下，接过钱，攥在手里，不知道该怎么放。

我说："这句话是，当你再用这些词攻击自己的时候，记得要跟自己说，这些标签也不全是坏事，我用它们赢过钱。"

"啊，是啊！"显然这句话出乎她的意料，她笑出了声来。这是在谈话中她第一次笑。气氛一下子松弛了。想了一会儿，她说："是很治愈。只是100元太少了，如果是千儿八百，那印象就深刻了。"

"嗯，你还得在你的负面词汇里加一条：贪心。"

"不算贪心了，如果说自己的差评就能挣钱，我能说到你破产的……"

我这么做的本意，是希望创造一种新的情境，在这种新情境里，能说出更多负面词汇不再是一件坏事，反而是一件好事。我想创造一个悖论：

"如果你说不出很多关于自己的负面词汇，那很好，说明你并没有那么负面。"

"如果你说出了足够多关于自己的负面词汇，那也很好，你赢了游戏，还赢了钱。"

在这样的悖论里，无论你如何做，都是对的。

我得意极了。我觉得这样的干预方式一定会起作用。尤其当分开时，她很诚心地跟我说："陈老师，谢谢你，我很受益。"

后来我就再也没见过杨小姐。听那个介绍我们认识的朋友说，杨小姐说那次见我，她觉得对她还是挺有帮助的。

"哦，怎么有帮助呢？"我满怀期待地问。是我的悖论起作用了吗？

"她说你为了帮助她，给了她100元。咨询师通常都是收钱的，她第一次见咨询师为了帮助人，给人钱。她觉得你特有诚意。"

"这样……"跟我想的不太一样。我想了一下，忽然明白了。也许悖论是有效的，但是更有效的是我花了心思和诚意在帮她，况且还付出了真金白银。在这样的举动下，她觉得自己是重要的，被接纳的。这样的行动恐怕比语言和道理更重要。

"只是……"朋友停顿了下，"你这么用心，是不是喜欢她啊？"

"啊？"

5. 死去与重生

按：自我接纳常常意味着，我们要去直面生活的苦难和自我的缺陷。后面的答读者信想告诉你，直面苦难也许并不会让苦难消失，却会让我们自己倍感尊严。

海贤老师：

您好！

我是一名中学化学教师。关注您很久了。想跟您说说我的苦恼。

我现在有个很大的心理困扰，越来越不自信。我上课做演示实验容易手抖，自己做或当着少数学生的面做则不会手抖。手抖的起因是刚入职不久的一次公开课，市里领导来听课，我由于过于紧张，做演示实验时手抖得厉害。虽然那节课除了手抖这个插曲外，其余部分都非常顺利，领导评价也很好，可还是给我留下了心理阴影。从此以后，每次做演示实验，我或多或少都会手抖。

刚开始我选择了逃避问题，演示实验都是指导学生来做。后来觉得这不是办法，就自己做。说实话，有点怵得慌，怕学生看我笑话。只要不做实验，我对上课还是很自信的，也很享受上课的快乐。

今年暑假我选择了辞职，打算给自己一年的时间去调整和改变。现在看来，当初的决定实在是愚蠢至极。如今，我的问题不仅没有改善，反而被不断地放大。由于过于在意手抖这件事，我现在做别的事也总担心会不会手抖，这使我异常痛苦。

我尝试去公园做化学实验，来来往往的人时不时投来好奇的目光，我发现自己并没有丝毫手抖。现在准备应聘新的学校，可是还是很担心自己会手抖。为什么就不能忘掉以前失败的经历呢？好讨厌现在的自己，把自己的生活毁得一团糟。

我自己分析容易出现紧张性手抖的原因在于自己的不自信和过于依赖别人的评价。这大概跟自己的原生家庭有关。穷困、压抑、不被认同的童年导致我一直以来都很自卑。我是一个内向的人，从来都报喜不报忧。在朋友心中，我是一个正能量给予者，总能在他们有困难的时候给予他们力量。然而我自己的痛苦，却难以言说。我的性格是矛盾的，既自卑到骨子里，觉得自己处处不如别人，又有些自负，觉得自己并不比任何人差。

现在的我还是没有学会接纳自己。有时候也恨自己，生活本不易，何苦如此自毁？把自我钳制在过去的阴影里，就只会失去更多，何不放下一切，只专注于当前的工作和生活？然而，很多时候，越是想控制就越是控制不住，所以就越发焦虑和恐惧，从而陷入自我怀疑之中。这些情绪使我的注意力不能集中，给我的生活带来了很大的困扰。

我想找回以前那个为了心中的目标而不顾一切的自己，让自己的心不再怯懦。如何才能走出困境？有时候真想有人能痛骂我一顿，把我从自我设定的怪圈中骂醒。

再次感谢您！祝您一切都好！

芊芊

芊芊老师：

你好！

你希望有人能痛骂你一顿，好让你清醒。可一来我不善骂人，而且实在想不出你的骂点在哪里，二来估计你自己也没少骂自己，可看起来收效甚微。借他人之口（比如我）把你早已骂过自己的话再骂一遍，怕也不会有什么效果。

所以我想做点别的，比如，讲个故事。

你知道，在神话里，有很多公主被放逐，经历千辛万苦，最终回家的故事。其中有一个故事是这样的：

有一个叫赛姬的姑娘，她是整个王国里最美丽的女孩。她太完美了，以至于神都妒忌她，给她父母下了一道神谕：她必须死。那时候，神的命令是不可违抗的。于是悲伤的村民们给赛姬举行了葬礼，然后把她抛弃在荒凉的山顶。正当她恐惧和绝望时，英俊的爱神丘比特（不是那个小丘比特，是成人丘比特）救了她，并把她带到自己的宫殿。他们在宫殿里相爱，生活幸福极了。可丘比特总是晚上回来，早上离开。她从来没见过他的真面目。

因为听信他人撺掇，她开始怀疑自己的情人会不会是个丑陋的妖怪。于是有一天晚上，她一手拿蜡烛，一手拿匕首，偷偷来到了熟睡的丘比特床前，心想，如果他真是怪兽，我就刺死他。

结果当然是丘比特被惊醒了，并永远离开了她。

于是她踏上了寻找爱人的漫漫旅途。要重新找回失去的爱人，她需要经历很多考验。比如要在一晚上把一屋混杂的种子分开，从会喷火的公羊身上拿点金色的羊毛，在阴阳交界处取一杯冥河的水，等等，她都一一做到了。最后一个考验，是从冥界那边取回一个美丽的盒子，交给这边的女神。她也做到了。

如果你以为结局是她取回盒子时，就能重见自己的爱人了，那你就错了。就在她取回盒子的时候，她想："这么美丽的盒子，一定奇妙无比，我为什么要交给别人呢？我至少应该看看里面是什么。"于是她打开了盒子。可盒子里的能量，对一个凡人来说过于强大，那种能量瞬间就使她解体了。

她死了。在她倒地的瞬间，丘比特出现了。他抱起赛姬柔软的躯体，把她带到了奥林匹斯山。在那里，众神商议，给予了她不朽的生命。和所有神话故事的结尾一样，他们从此过上了幸福的生活。

你看，在神话故事里，人要完成转变，是非常艰难的。去经历千辛万苦只是在为转变做积累，但还不够。非得经历"死去"，才能"重生"。

在手抖之前，你大概也有很多焦虑和自我怀疑的时刻，但那都在你的控制范围之内。从市领导来听你的公开课（我知道这一类公开课学校大都会安排很优秀的老师，而你恰好是），而你不可控制地手抖开始，你的人生越过了一条线。"手抖"开始承载你所有的生活挫折和自我怀疑。"怎么控制手抖"成了你生命的主题。你被放逐了，非得经历漫漫归途，才能重新找回以前的平静。

和这个神话故事一样，你也经历了千辛万苦。你有足够的勇气和决心，也愿意为控制手抖付出巨大的代价。你辞了职来调整自己，到公园去做化学实验，去勇敢面对人们好奇的目光。你发现，那时候你并没有手抖，但你还是会担心以后会不会。

这些考验都很重要，但它们只像神话故事里"把种子分开"或者"拿到金毛"那样的小关卡。假如你要找回自信和平静，你还要过最后一道关卡。你猜会是什么？

我猜，最后一道关卡，不是要求你"在艰难的情况下控制手抖"，而是要求你在偶尔会手抖的情况下"过艰难的生活"，并努力让它运转良好。

这有点像"死去"，让控制自己手抖的心死去。非得这样，你才能重生。

现在，"手抖"对你来说是痛苦的。可真正让你受尽折磨的，不是"手抖"本身，而是你千方百计想要控制手抖而不能。它背后连接着太多的东西：在大庭广众之下失控的恐惧、糟糕的童年、严重的自我怀疑和焦虑。

　　你想摆脱这种折磨，你就需要承担另一种痛苦。这种痛苦不像你现在所受的折磨那样飘忽不定，它很确实，那就是，"当你紧张的时候，你上课演示实验会手抖"。这是一个简单的事实，承担它，是你找回内心平静所需要经历的最后一道关卡。

　　也许有很多人告诉过你，手抖并不是一件大事，你也只是偶尔会手抖，没人会真的在意。但你并不相信他们，因为这种轻描淡写的说法跟你感受到的痛苦并不相符，虽然你偶尔也会想，万一他们说的是真的呢？

　　不要再有侥幸心理了。也许他们说的是真的，但都比不上你的痛苦来得真实。你应该去相信自己的感受，然后去承受这种痛苦。

　　去告诉你的朋友，你演示实验时拿试管瓶的手会有些发抖；告诉你的学生，你演示实验时拿试管瓶的手会有些发抖；告诉面试你的老师，你做演示实验时拿试管瓶的手会有些发抖；如果有机会市领导还来听公开课，告诉他们你会有些紧张，以至于拿试管瓶的时候手都有些发抖了。如果他们好奇会"抖成什么样呢"，演示给他们看。

　　然后，再告诉他们，除此之外，你仍然是一个好老师。你热爱学生，享受上课，除了手抖，你非常自信。

　　不要再去掩饰"手抖"了。你现在要去应聘新的学校，就让这些面试老师来决定你的前途和命运。如果他们居然"收留"了你，那就心怀感激，好好工作回报他们。如果他们嫌弃了你，不要怪他们，再换一个学校继续面试，继续告诉他们这些。

这是你漫漫回家途中所要经历的最后一道关卡。这很难，但是相信我，它并不会比辞职或者在公园当众做演示更难，你有足够的勇气去完成它。也许你会嘀咕：那万一我因此失去了一个工作机会呢？你要想到，你为了克服这个问题，已经放弃了一份真实拥有的工作，只是失去一个"可能"的工作机会，又算得了什么呢？

在这样的痛苦下，你还要学习让自己的生活正常运转。我觉得，这也是可能完成的。毕竟，你人生的大部分时间，都不在倒弄瓶瓶罐罐。

你在公园并不只是做实验，还会赏花、观鸟、晒太阳，对吗？趁着这段闲的工夫，去读些闲书，去美丽的地方走走，去结识一下有趣的人，去品尝美食，去学你一直想学但没时间学的东西。如果能找个帅哥当男友，就更好了。

"那万一他知道我有做实验时手抖的问题该怎么办呢？"

"告诉他啊。万一有个傻傻的帅哥不嫌弃呢？再说你并不会在家里做实验，对不对？"

期盼你的新消息。祝开心。

陈海贤

思考
与
实践

试一试

1.关照改变背后的情绪

有时候，改变的冲动只是未被看见的情绪在表达它自己。倾听、了解和关照这些情绪，可能会带来意想不到的改变。

观察你很想要改变时，改变背后的情绪是什么？

_____

记忆中，什么时候你曾有过这样的情绪？那时候你遇到了什么事？

_____

在这种情绪中，谁能安慰你？他会对你说些什么？

_____

2.告诉别人你的担心

你担心别人会怎么评价你。别人觉得你平庸、胆怯、无聊、自私、还是……

———————————————————————

你最担心谁会这么评价你？朋友、家人、同学还是同事？

———————————————————————

试着以某种方式，把你的担心告诉那个你最担心他这么想你的人，观察他的反应，并写下事情的经过和你的感受。

———————————————————————

———————————————————————

———————————————————————

3.让担心的事发生

你最担心的事情是什么？是演讲时紧张、被嘲笑、与人争吵，还是当众出丑？

———————————————————————

有意识地让自己担心的事发生一次。如果你担心演讲时紧张流汗（或者手抖），那么故意在演讲时让自己紧张流汗（或者手抖）。如果你担心被人嘲笑，那么故意做一件能引发对方嘲笑的事情。写下事情的经过和你的感受。

———————————————————————

？ 我想问你：

(1) 你是否遇到过这样的生活难题，你并没有解决，情况却自然而然变好了？它是怎么变好的？

(2) 你是否遇到过这样的生活难题，你努力解决问题，情况却变得越来越糟了？它是怎么变糟的？

(3) 你最大的优点是什么？最大的缺点是什么？你觉得这两者之间有什么联系？

(4) 在什么样的情况下，你的缺点并不是一件坏事，反而可能是一件好事？

(5) 你最害怕/焦虑/担心的事是什么？怎么才能让这件事变得更糟一些？

(6) 如果担心这件事的人不是你，而是你的朋友，你会怎么看他的这种担心？

？ 你也可以问自己：

(1) 为了解决这个问题我做了哪些尝试？这些尝试哪些有效，哪些无效？还有哪些尝试可以做？

(2) 如果这个问题无法解决了，我还能做些什么来改进我的生活？

(3) 假如奇迹出现，现在困扰我的最大问题已经不存在了，但我自己并不知道。我会从生活的哪些细节中觉察到这个奇迹已经发生了？

(4) 假如奇迹出现，现在困扰我的最大问题不存在了，我将如何规划自己的生活？

多年后的回望

这章的内容，是神学家莱因霍尔德·尼布尔的祈祷词"上帝啊，请赐予我勇气，让我改变能够改变的事；请赐予我胸怀，让我接纳不能改变的事；请赐予我智慧，让我分辨这两者"的注脚，只不过我把它放到了生活的场景中来。

第一篇《是"生活有问题"还是"生活不如意"》中提到了一个特别的想法：有时候我们是在用解决问题的办法，来应对生活中无可避免的不如意。这背后有一个重要的理念：真正的问题不是我们遭遇了什么，而是我们如何应对这种遭遇。就像系统治疗法里所说：有时候，维持问题的，正是错误的解决问题的办法。就像系统治疗法的代表人物弗里茨·B.西蒙在《我的精神病、我的自行车和我》里所举的例子，如果一个人膝盖受伤了，弄了块瘀青，他不去揉搓，过段时间这块瘀青大概率是会好的。可是如果他不停地去揉它，想要让它快点好起来，那它可能反而好不了。

这背后有关于人和心理疾病的隐喻。我们究竟是把人看作一种需要外力修复的机器，还是看作一种具有自我修复能力的有机体？

这么说出来的时候，大部分人可能会说相信后者，可是他们对问题的处理，却常常更接近前者。我们有一种本能的解题思维，觉得只要做对了事，问题就会消失。这背后有人对基本的控制感的追求——既然问题让人痛苦，那我们总得做点什么啊！

到底要做什么呢？

如果第一篇文章给大家的印象，是心理咨询除了承认生活的不如意，什么都做不了，那其实是不对的。心理咨询处理的不是来访者遇到的问题，而是来访者处理问题的方式。作为一个心理咨询师，当来访者带来一个问题时，我会看来访者定义的问题是否有解，有没有更好的定义问题的方式，我也会看他们是如何应对他们的问题的，这个惯有的应对方式是否有效？有没有更好的应对方式？如何帮他们发展更好的应对方式？以及，如何用这种新的应对方式，去解决原有的问题。

这些步骤说到底反映的就是一个理念：心理咨询不是帮人找问题，而是帮人找出路。甚至有时候，我们会根据可能的出路，来重新定义问题。

而这些出路在哪里呢？常常就在尼布尔的这句祈祷词里：接纳该接纳的，改变能改变的，以及做出明智的区分和选择。

第三篇《我还能变好吗？》讲的是我遇到了一个总是觉得自己不够好的朋友，我如何创设了一个情境，通过讲缺点可以得到奖励的方式，让她把"觉得不够好"这件事变成了情境中的有利因素。这是改变自我怀疑的一个思路，但大家也不用太当真，觉得这样就能治好了人家的自我怀疑。自我怀疑是很顽固的，不会轻易改变。只不过，就算不能彻底根治它，有时候拿它打打趣，让它变得轻松一点，又何尝不是一种应对的办法呢？

我知道自我怀疑不容易改变，是因为我自己就经常有很多的自我怀疑，也对自己不满意，很悲观。相比之下，我们工作室的同事都比我乐观积极很多。他们很多人是那种典型的成长型思维，总觉得我们做的事很好，遇到挫折也不急不躁。有时候我很好奇，就问他们怎么做到的，他们说是因为读了我的书、学了我的课，所以发生了很大的改变。可是我就纳闷了，那为啥我自己没有改变，还是那么悲观，稍遇挫折就觉得自己不行？

我想我唯一的进步，是慢慢能够不让这种自我怀疑影响我做事了。就像写这本书，我还是很担心大家看到我的局促和"小"，有时候恨不得大声嚷嚷："我知道的比我写出来的还要多！"这句话看起来很理直气壮，可是你看，它是一句辩解。它背后是，我从来没有想象过怎么应对大家对它的欣赏，只会设想在应对批评时如何为它辩护。可是这也不妨碍我把它重版啊。

仔细回想，无论我有多少的自我怀疑，这几年我还是有一些进步的。（虽然我也经常想，如果我的心态能更积极乐观一点，说不定我的进步能更大一点。）但无论如何，这些进步是实实在在发生了的。它们跟我的自信或者自我怀疑无关，跟我做的事有关。

我的自我怀疑还是会让我焦虑、沉重、受挫、不好受，可是既然我没办法改变它、消除它，我至少学会了尽量不让它妨碍我做事。不让自我怀疑变成生活的中心，把能做的、该做的事情做了，然后再看看会发生什么，这就是我找到的应对自我怀疑的办法。从这个角度看，也许我也跟我的自我怀疑和解了。

在这一章里，我最喜欢的是最后一篇《死去与重生》。其中的答读者信是写给一个因为担心自己上课手抖而陷入焦虑的老师，她总觉得手抖是一个问题，解决这个问题的办法是控制自己的手抖，而在能够成功做到这一点之前，她总是想把自己的手抖隐藏起来。而我想告诉她，去承认你一紧张会手抖，去承认这件事你暂时改变不了，然后把注意力放到你的教学上。

我之所以喜欢它，是因为它展现了一种我所理解的，面对和接纳所需要的勇气和决心。接纳不是软弱，而是另一种勇敢。去承认生活的残缺，去应对因为这种残缺而产生的必然的失落，然后去其他地方寻找生活的出路。这是生命最伟大的创造。

第九章

结束与开始

FIND YOURSELF AGAIN

FIND AGAIN YOURSELF

人的伟大不是体现在目标上，而是体现在他的变化之中。

——拉尔夫·沃尔多·爱默生

开始就是结束，结束就是开始。正是在结束之处，我们重新开始。

——T. S. 艾略特《小吉丁》

1. 结束为什么这么难

你是否还记得上一次转变发生在什么时候？那时候，你是工作了、离职了、恋爱了、失恋了、生病了，还是康复了？你是找到了一个梦想，还是放弃了一个梦想？你是否还记得自己怎么适应了这些转变，才成为今天的你自己？

有时候，记忆会把我们的过去整理成一条平顺的曲线，让我们误以为生活是一个连续的过程。但实际上，生活经常是断裂的。

当一些重要的变化出现在我们面前，和风细雨忽然变成了电闪雷鸣，我们在感慨世事无常的同时，经常会不知所措。这时候，我们就会反复问自己一个问题：

"我怎么才能尽快开始新的生活？"

威廉·布里奇斯在《转变》中写道，转变要经历三个阶段：结束—迷茫—重生。大部分人都希望他们能直接跨过前两个阶段，进入重生的阶段。可是他们对结束这一主题茫然无知，或者也不太感兴趣。他们理所当然地觉得，一件事结束了，那它就是结束了。当务之急是重整旗鼓，重新出发，而不是回顾过去的时光。很少有人去思索结束背后的含义，更少有人会了解有时候我们的生活无法完成转变进入下一个阶段，是因为在结束这个阶段就被卡住了。

有位女士在网络上提问，大意是说，她的男朋友抽烟喝酒，经常一个人玩网游到深夜，从来不跟她谈未来，有时候甚至动手打她。她觉得他不够爱她，但他们交往已经有一段时间了，她要不要离开他。

下面有人简洁明了地回答："其实你知道答案，只是你怕疼。"

结束之所以艰难，是因为我们都会怕疼，所以才想在心理上延续它。

我有个来访者，和前男友分开快三年了。她每天上班的第一件事，仍然是打开前男友的微博，看看他在做什么，固定得像一个仪式。前男友的微博里会有老婆孩子的照片，会有现在的生活，当然不会有她的痕迹了。每当看到这些，她都会黯然神伤。

我一直不明白，她为什么非要用这种方式让自己悲伤。直到有一天，她跟我说："我在前男友那边已经找不到感情的痕迹了。如果我还悲伤，说明这段感情还在。如果我也好了，那这段感情就真的结束了。"

她宁可让自己悲伤，也不愿去承担结束的痛苦，因为后一种痛苦，要疼得多。

我听到另一个姑娘跟我说过类似的话。她说："失恋了。但我却不想结束，不想从痛苦中走出来，觉得结束像是一种背叛，哪怕痛苦也宁愿留在过去。"

停留在过去有什么好处呢？大概是，过去还会在我们的心里生起一些虚幻的希望，我们借由它来对抗孤独。而承认了结束，就是从心底承认我们已经永远失去了所爱的人。

当然不是所有的人面对结束都会有这样的态度。我认识的另一个姑娘，和相恋多年的恋人分手以后，我从未见她自怨自艾，唉声叹气，反而她加倍努力地工作。三年后，她就升任了江浙片区的大区经理。

只是，从失恋开始，她就再也没有谈过恋爱。似乎她对恋爱这件事，再也提不起兴趣了。

看起来，她的恋爱结束了，而且结束得干脆利落。但我觉得，在她心里，这件事从未结束。只是，她把疼痛藏了起来。

所以，怎样才能判断一件事在某个人心里是否真的结束了呢？我自己有两个标准。

第一个标准，看他是否还有欲望，去追求他想要的东西。我知道一些人经历了挫折以后，会给他们生活中的人和事重新排序。他们会更重视和家人的关系，更重视自己的自由，而相对看轻物质生活。我说的不是这个。我说的是，如果一个人遭受挫折以后，不想赚钱，不想做事，累觉不爱了，那不是结束。因为挫折在他心里形成了一个痛点，他以后所有的生活都在努力绕开这个痛点。这样，疼痛就支配了他的生活。而真正的结束，能够逐渐消化这种疼痛，并把它转化为前进的力量。

第二个标准，看他是否还在期待弥补损失。如果他还在想着怎么弥补损失，这件事就还未在他心里结束。有时候，只有承认损失，一个人才能真的放下，然后在新的情境中发现新的自我和新的可能性。

因为读过我的书，或者听过我的课，经常有一些朋友会给我写信，讲述他们的痛苦。有一个读者，他有一段不怎么成功的大学生涯，挂科，留级，父母陪读，勉强毕业。毕业后，他工作了，又辞职了，一直找不到自己的道路。

他从小学到高中，都是一个非常优秀的学生，考上的也是名牌大学。

所以他无法在心里接受自己有过一段失败的大学生活，他没有当差生的经验。他想要一个光明的，深"V"反转的结尾，强烈到宁可不开始新的生活，也不愿意在心里为这段经历画上一个句号。所以他想要出国读书，当回一个学生。（第二章中的《我想去远方，把人生格盘重来》）也许，只有当他真正认识到，无论多么不甘心，这段大学生活都已经过去了，他才能真的重新开始。

我们的文化总是在倡导，从哪里跌倒，就从哪里站起来，哪怕跌倒的地方明明是个坑。这句话的潜台词是：坚持是勇敢的，而放弃是懦弱的。可有时候，我们还得学着，从哪里跌倒，就在哪里趴下。认栽了、怂了，承认失败了，才会发现，原来还可以换个地方，重新来过。这并不容易，因为有时候，放弃比坚持更需要勇气。

结束是很艰难的，因为结束总是包含了失去。无论我们在结束中失去的是一种身份、一个习惯，还是一段关系，归根到底，我们在结束中失去的是一部分旧的自我。失去它像是我们身上的一部分死去了。

可是，自然正是以这样的方式循环着。不经历秋冬的萧索，就不会有春夏的生机。我们的生命，也一直在这样的循环中，不断长出新的自己。

我喜欢的电影《情书》，讲的正是一个关于结束的故事。电影里的女主角渡边博子一直走不出未婚夫登山去世的阴影，她照着未婚夫毕业册上的地址写信，在收到回信后，喜出望外，固执地相信这就是她的未婚夫寄来的。

寄信的当然不是她过世的未婚夫，而是另一个和他同名又和她相貌相似的姑娘。这是另一个关于结束的故事——她的未婚夫正是因为在高中暗恋过这个女生，才对渡边博子一见钟情。

故事的结尾，渡边博子的新男友带着她，去了她未婚夫遇难的雪山。哪怕在山脚下，渡边博子还拉着新男友的手不安地说："这太过分了，我们会惊扰到他的，我要回去。"

可是那天早晨，渡边博子看着远处圣洁又安宁的雪山，压抑已久的悲伤终于痛快地释放了出来，她跑向雪山，对着雪山一遍遍大喊"我很好，你好吗！"，泪流满面。

那一刻，她终于愿意去直面逝去的悲伤。而她的新男友，就在雪山这边，微笑地看着她。雪山那边是结束，雪山这边是开始。生活在让人心碎又带着奇怪安宁的悲伤中，滚滚向前。

所以，该怎么结束呢？去承认损失，去哀悼，去迷茫，去失声痛哭，然后去固执地相信，会有新的未来从生活中长起来，哪怕我们现在还看不到这个未来。

结束—迷茫—重生，生活就在这样的循环中，滚滚向前。

2. 无论多老，做一个两眼有光的人

很久以前，我曾做过一段时间的拓展训练培训师。拓展训练通常会利用一些高空项目，人为地制造恐惧，让你通过克服这些恐惧，来获得勇气和信心。

其中有一个很经典的项目叫"断桥"。8米的高空中铺设两块窄窄的木板，木板间隔大概1米。学员需要从木板的这头奋力一跃，跳到木板的那头。我的任务，是站在断桥的这头，鼓励和安慰这些学员。通常学员们爬上8米高空时，已经很紧张了。他们站在高空的木板上时，就开始两股战抖了。有些人会在木板这头颤巍巍地站立很长时间，有些人会忽然跟我说："教练，我不想折腾，我其实只想做个好人。"

多年以后，当我自己也面临转变时，我经常会想起这段断桥上的经历。它象征了大部分人面对转变时的人生境遇：你所站立的这头、你想去的那头和不确定的中间状态。断桥难的地方在于，要先放弃你所站立的地方，去经历不确定的焦虑，才能到达你想去的地方。而比断桥更难的是，大部分人在做人生选择时是看不清前面落脚的地方的。他们只能凭着对自己、对未来的信念，闭着眼睛往前跳。

这一年，我所经历的最大的转变，是从高校辞职。在体验了很多焦虑和迷茫以后，如今，我也开始慢慢落地了。

离开浙大之前，我在浙大读了3年多的博士，又留校工作了几年。我喜欢这里的学生，哪怕是带着稀奇古怪的问题来咨询的，他们都有着非同一般的才能和志向。我还开了一门叫"积极心理学"的通识选修课，这门课的口碑不错，教学评分一直是4.9分以上。当有人问我离开浙大是不是对浙大有意见时，我说当然不是，我对浙大深怀感情，并把它视为我的精神家园。

所以，很难解释为什么我从浙大离开。它不像蓄谋已久的行动，倒更像是一个事故。能说的理由，大概是我这个人生性自由，而这个工作要求坐班，有诸多限制。不想说的理由，我就把它留在心底了。就像谈了场不圆满的恋爱，分手了，无论别人怎么问起，我都会自然地说："嗯，她是个好人。"

那时候，我在知乎答题，开始被一些人知道。我们正在做一个叫作《心理学你妹》的播客节目，有一群非常有才华和个性的朋友。我总觉得有很多事等着自己去做，满脑子都是对自由的向往，对办公室的蝇营狗苟也变得更加难以忍受。

　　只是要走实在太不容易了。不仅仅是因为浙大有这么多聪明的学生，还因为浙大正在分房子。120平方米的大房子，就在浙大美丽的校园旁。房子几周以后就要分了，两年后建成。我的名字就在分房人员的名单上，还挺靠前的。

　　我对此当然也心怀憧憬。无数次经过浙大美丽的启真湖和大草坪，看着这些青春洋溢的学子，我都会幻想，自己的女儿有一天会在浙大的校园里长大，去图书馆做作业，在小剧场听讲座，跟我一起散步，穿过整个校园，晃晃悠悠地回家。

　　所以当我递交了辞职报告，走出浙大校门的那一刹那，一想到自己从此再也不属于这里了，我沮丧极了。

　　命运总是掩藏在琐碎的日常中，只有当深刻的变动来临时，你才能一窥究竟。那时候，我觉得我看到了它。

　　可是，这一点都不妨碍转变所要经历的痛苦。一瞬间，物是人非。你发现旧的生活已经过去了，而新的生活还没到来，你被留在原地，不知道如何自处。

　　但损失，却开始变得真切起来。

　　递交辞职报告后不久，我接到一个电话，是房产处老师打来的。她问我："咦，你为什么不来选房子？"

　　我想起来，那天是选房的日子。那时候虽然我递交了辞职报告，但还没有办手续，理论上，我还是浙大的员工。

　　我不知道该说什么。沉默了很久，对方忽然说："啊，我知道了，你一定是想下半年评上职称以后，分更大的房子！"她终于找到了一个说得过去的解释，高高兴兴地挂了电话。

而我却开始失眠。我经常在半夜醒来，反复回想这件事的细节，回想究竟发生了什么，为什么别人的生活可以这么平顺，而自己的生活却有这么多折腾。别人可以用常识判断的事，我却需要用肉身去经历，才能知道其中的疼痛。

我不想跟任何人提我的工作变动，我把支持我辞职的朋友都骂了一顿。虽然他们委屈地表示，他们并没有支持我辞职，只是想支持我，谁知道我真辞啊，但能责怪一下他们，也缓解了我的部分痛苦。

那段时间，我的知乎的页面老闪过一个问题："现实生活中有哪些被鸡汤害了的例子？"好几次，我都很想去回答，觉得我最有资格回答这个问题，因为我被鸡汤坑惨了。

对我来说，离开浙大真正的风险不是我失去了一个比市场价便宜几百万的房子，而是我总想很快把它挣回来。有一段时间，我经常关心房产新闻。而房价的一轮暴涨，也把我心里的损失，从小几百万变成了大几百万。我觉得我很难把它挣回来了。

我在公众号和知乎专栏写了一些文章，有不少粉丝。离开浙大的时候，我想，我完全可以通过为这些人提供心理服务来谋生。就像在浙大一样，做咨询、上课、做团体辅导，踏踏实实地做一些对大家有用的事。

可是那段时间，我的专栏和公众号经常处于停更的状态。我写不了文章，一来觉得写文章这事太小了，我应该多去挣钱；二来内心里总有一个声音在跟我说："你这么平庸的人，你做不到的。"

我很浮躁，又有很多自我怀疑。大事做不了，小事做不到，这很危险。

我对自己说，既然你老想着房子，那就去买一套吧。你可能给不了女儿像浙大这么好的教育条件，但你至少可以让她不受太大影响。

我师兄和师姐（他们是一对夫妻）知道了我的事。他们离开杭州去北京发展了，正好有套房子要处理。师兄说，如果你要，就卖给你吧。师兄的房子很老，在6楼，上下楼需要爬很高的楼梯，但学区很好。我报了我那时所能出得起的价格。他在电话那头说："我跟你师姐商量一下。"半分钟后，他回电话给我，说："好的。"

办手续那天，中介不断地给我师姐打电话。有个客户急着想买他们的房子。师姐断然拒绝，说房子已经卖了。

"具体是什么价格呢？我们这边的客户还可以再加。"中介问。师姐挂断了电话。后来我才知道，中介给他们联系了客户，客户的报价要比我的高十几万。

我很不好意思，向她道谢。她说："贤子，我们是自己人，不用见外的。"

拿到房子以后，一家人聚在一起商量装修的事。房子原来是带装修的，十几年了，有些旧，但凑合也能住。家里人的意思是，这房子毕竟要爬楼梯，不方便，如果只是住几年，干脆别装修了，省钱省力。我说："还是拆了重装吧，我们可能要在这里住好长一段时间呢。"

于是，做水电、铺地板。在嘈杂的装修声中，房子从杂乱无章，开始变得整齐有序，而我自己，也慢慢进行着整理。

我要辞职的事不小心被母亲知道了。她们那代人自然很难理解我为什么要这么做，尤其在分房这么重要的节点上。在苦劝了我几次无果后，她跟我说了两句话。第一句是：

"儿子啊，人这一辈子其实很短的，每个人的得失都是命中注定的。人活着只要开心就好了，如果你觉得开心，那就去做。"

第二句是：

"儿子啊，千万别让人知道你从浙大辞职了，要不然那些做心理咨询的人都不来找你了。"

我觉得第二句才是我妈的真实水准，所以我记住了第二句。

有一天，我接到一个电话，电话那头的人说："陈老师，我们的孩子在大学里遇到了一些情绪问题，我听朋友介绍，想来你这儿咨询。"

之前，确实有很多来访者是因为我在浙大，才慕名来找我。接到这个电话，我的本能反应居然不是问他的孩子出了什么问题，而是问她："你知道我从学校里辞职了吗？"

"知道的。"她笑了下，说，"我们信任你。"

原来，他们信任我并不是因为我在机构工作，而是因为我这个人本身。这增加了我一些信心。

我还是不知道该写什么文章。但我的公众号后台经常会有一些人留言，讲他们的困惑。我开始给这些读者写回信。在我写回信的时候，我经常会假想，给我写信的那个人就坐在我对面，述说他的苦恼。（这些问答的一部分，也放到了前面的章节里。）从传播的角度看，这些回信不算成功。大家总是对自己的问题感兴趣，很少有人会在乎别人的问题。但我知道，写信的那个人一定会在乎。

那段时间，放在我枕边的，是威廉·布里奇斯那本叫《转变》的老书。里面讲了一个故事：

奥德修斯是古希腊的英雄，大名鼎鼎，武功高强。他刚刚打赢了著名的特洛伊战争，要率领一帮战士回家。没想到，3周的路途却变成了10年的旅程。他发现，自己越过了生命中一条神秘的边界。原来习惯的战斗模式，忽然都不能用了。

他和船员到一个小渔村去抢酒和食物，却因为醉酒被一个邻近的部落抓获，然后他遇到了各种各样的妖怪，海妖、巨人……他唯一能做的，就是落荒而逃。

奥德修斯启程回家的时候有12艘船，后来变成了6艘，3艘……快到家的时候，最后一艘船也沉入了海底。他坚持着，抓着木船仅剩的一段残骸漂到了岸边。这个伟大的英雄带着成群的战舰出发，最后却只能像一个无助的孩子一样，抱着一根木头逃生。他被剥夺了一切，只剩下他自己。

这时候的奥德修斯，不再是一个开疆拓土、意气风发的英雄，而是一个想着回家的游子。他身上，有了另一种力量，谦卑和沉着的力量。

我慢慢开始明白，我总希望自己的故事，是一个不断拓展自己的心理舒适区、克服障碍、获得成功的故事。也许三五年后它会是，也许还要更长时间。但它首先得是另一个故事：一个从失去中得到的故事，一个在迷茫中沉静的故事，一个逐渐发现真实自我的故事。真实的自我也许没幻想的那么好，但却让人踏实。如果我的才能只够支撑我做一些简单的事，那就做这些简单的事，一直做，只要它们有价值。

我很幸运，有家可回。

我就这样不紧不慢地做着我的事。其间还为一个奇怪的真人秀节目，做了一年的心理顾问。脑子里经常冒出一些想法，靠谱的或者不靠谱的，但我总觉得缺了点什么。这期间，我也能从自己身上看到一些变化。我变得不那么纠结了。我的咨询水平也有所提高。好几次，我都觉得自己快要好了，但偶尔陷入的焦虑和沮丧又让我不得不面对这样的现实：我并没有痊愈。

百无聊赖之中，我会问自己：

"假如接下来这半辈子只能做一件事了，你想做点什么呢？"

当然，我会继续做一名心理咨询师。可是我究竟想回答哪方面的心理问题呢？

忽然有一天，我想到了。这个答案一直藏在我心里，隐隐约约，现在它浮现出来了。

如果我的余生只能用来做一件事，我大概会用来回答怎么帮助人们从结束的痛苦中走出来，完成转变，走向新的生活。这个问题首先是我自己的，但它同时也是很多人的。我想起了很多在转变中迷茫的来访者。当生活忽然断裂成两半，他们被留在生活的断层中，惊慌失措，无法自拔。以前，我也知道这种转变的痛苦，但无法感同身受。而如今，我和他们站在了一起。

那一瞬间，我自己经历的痛苦也有了意义。

我开始做一些尝试。我在知乎开了场题为"如何结束以及如何开始"的Live（直播）。它是收费的，39元一人。开始之前，我担心没什么人来，毕竟免费仍是互联网的主流。那场Live最终来了1800多人，很多人跟我交流他们在生活中遇到的变动和经历的痛苦。Live结束后，也有很多人跟我反馈说，他们从这场Live中受到启发。

在我写下这一段的时候，我希望读者能够明白，这件事我也仅仅做了个开头。我是先把牛给吹了，事还没怎么做。也许你们要等读到我下一本关于转变的书，才会知道我真正做了些什么。但是对我而言，这个"开头"更深刻的含义，是那件让我一直耿耿于怀、痛苦的事情，终于在我心里慢慢结束了。

3. 成为自己意味着什么

在浙大的最后一节课，我做了一个演讲，跟学生告别。其中有一段话：

办公室的蝇营狗苟其实也是小事。但我需要辞职，是因为当我屈服于办公室的蝇营狗苟时，我会在课堂上心虚，在文章里心虚。我会怀疑自己，怀疑我跟你们讲的一些东西。现在我终于可以说，当我说要听从自己内心声音的时候，当我说要不断走出心理舒适区的时候，当我说选择难是因为不懂舍弃的时候，当我说自由的心很可贵的时候，我是真诚的。我并不知道自己将来会不会成功，至少，在一条容易的路和一条难的路之间，我选择了一条难的路，因为它自由。这条路未必好走，我去帮大家探探路。

我一直希望自己成为一个有趣的人。你知道，有趣其实是用来对抗世俗的琐碎和无聊的。要成为一个有趣的人，总要做些不一样的选择，付出一些世俗的代价。我也经常怀疑，为这么小的一点点骄傲，付出这么大的代价是否值得。好在，有趣本身就是回报。

有时候，黑夜中，我站在阳台上，看着城市的点点星光，我会想这些有趣的人在哪里。他们散落在四方，却彼此确认，像一只蚂蚁看见另一只蚂蚁，一棵小草看见另一棵小草，一个孤独的旅者看见另一个孤独的旅者。他们卑微地坚持着自己的理想，这些理想若隐若现，却无法熄灭。他们感恩相遇，汇流成河。他们是这个世界的盐，让生活有味道。

多年以后，回头来看这一段话，我会选择把那些一时激愤下的英雄主义情结去掉。我还是真诚的。只是我的学生和读者并不需要我用这样的方式现身说法，他们有他们自己的生活。我这么做，也并不是为了他们。一方面，我仍然坚信，最重要的选择从来不是以利益理性计算的，它的作用在于塑造我们自己，让我们确认自己所珍视的价值观，知道自己是什么样的人。另一方面，我也不想误导那些面临选择的年轻朋友。尊重常识很重要，因为它是很多人人生经验的积累。在从浙大辞职这件事上，我有很多地方做得不成熟。如果你只看到"要勇敢地做不一样的选择"，那估计你很快也要去回答那个"现实生活中有哪些被鸡汤害了的例子"的问题了。

我学到的真正重要的东西，是即使痛苦的变动来临了，它也不是世界末日。你仍然能从失去中得到很多。得到什么呢？大概是，你会发现，那些构成"常识"的规则开始在你的身上松动了。"住好房子很重要""有一个好的发展平台很重要""升职加薪很重要""当上CEO，迎娶白富美很重要"，这些论断都是对的，但也并非必须如此。常识应该成为帮助我们决策的利器，而不是限制我们生活的枷锁。当你能这么看待常识和规则的时候，你既不需要在明明感觉受限的情况下为了安全感而死死地墨守成规，也不需要用反抗常识来彰显自己的勇敢和与众不同。你会变动得更加灵活和自由。

而有时候，人正是借由失去获得成长。这可能是因为，我们的心理结构会在失去和变动中重组。而有时候，新的心理结构会变得更有智慧，更能容纳失去，也更能适应新的现实。

在做完那场知乎Live后，我收到了一封读者来信。信是这么写的：

海贤老师：

您好！

我是参加了"如何结束以及如何开始"知乎Live的一位"知友"。很遗憾报名晚了只能买到"站票"，没有机会发言。我内心深处觉得必须给您写这一封信，告诉您您所做的工作对我生活的影响。

过去几年，我的生活发生了重大的改变，一开始我觉得一切过去就过去了，要坚强地往前走。可是一切却没有按照预料的进行。我在不断地自责、自我否定，生活陷入了胶着。

最终我走出来了。而您的Live内容就是我过去一年生命经历和个人体会的印证和提炼。我二十多年来一直是"别人家的孩子"，一路顺风顺水。以前受到的学校教育都是遇到事情要乐观、坚强，勇往直前。而在经历了过去一系列变故以后，这套mindset（思维方式）却让自己吃尽了苦头。您不知道，我听到有人说"失恋有它的节奏""迷茫期的必然性"这些话的时候，觉得自己的痛苦和痊愈终于被理解、被看见，因而感动和欣喜。原来，伤心、难过是正常的；原来，迷茫期是必然的。而我过去二十多年的人生经历，从来没有师长告诉过我这些。

在我过去的一段"迷茫期"，如您所说，我的生命里确实长出了全新的东西。其中最宝贵和神奇的经历就是，我能够静下心来看以前看不下去的文学作品了。我在自我怀疑、自我否定，远离人群的时候，看到有人把这种痛苦、挣扎还有可能的救赎诉诸文字，就觉得自己一点都不孤单了。我的清单里有那么两本书特别契合您所讲的内容，一本是村上春树的《没有色彩的多崎作和他的巡礼之年》；另外一本是里尔克的《给青年诗人的信》，这本书的很多论述，简直就是对"转变和重生"这一主题最诗意的阐述。

就让我跟您分享《给青年诗人的信》里的几个段落，作为这封信的结束吧。

"我们怎么能忘却那各民族原始时都有过的神话呢，恶龙在最紧急的瞬间变成公主那段神话；也许我们生活中的一切恶龙都是公主们，她们只是等候着，美丽而勇敢地看一看我们。也许一切恐怖的事物在最深处是无助的，向我们要求救助。

"亲爱的卡卜斯先生，如果有一种悲哀在你面前出现，它是从未见过的那样广大，如果有一种不安，像光与云影似的掠过你的行为与一切工作，你不要恐惧。你必须想，那是有些事在你身边发生了；那是生活没有忘记你，它把你握在手中，它永远不会让你失落。

"……病就是一种方法，有机体用以从生疏的事物中解放出来；所以我们只须让它生病，使它有整个的病发作，因为这才是进步。亲爱的卡卜斯先生，现在你自身内有这么多的事发生，你要像一个病人似的忍耐，又像一个康复者似的自信；你也许同时是这两个人。并且你还须是看护自己的医生。但是在病中常常有许多天，医生除了等候以外，什么事也不能做。这就是（当你是你的医生的时候）现在首先必须做的事。

"……关于我的生活，我有很多的愿望。你还记得吗，这个生活是怎样从童年里出来，向着'伟大'渴望？我看着，它现在又从这些伟大前进，渴望更伟大的事物。所以艰难的生活永无止境，但因此生长也无止境。"

所以艰难的生活永无止境，但因此生长也无止境。

海贤老师，谢谢您的分享。我知道最近您的事业、生活也有一系列转变，在这个过程里，希望您知道，您所做的工作，对我心智的成长、生活的重建有过深刻的影响。生命影响生命，没有比这更美好的事情了。

祝一切顺利。

"生命影响生命，没有比这更美好的事了。"以前上"幸福课"，总有人问我："你幸福吗？"我一般都会支支吾吾地说一些类似"幸福其实有很多定义啦""幸福其实是一个过程啦"之类的答案。但如果此刻有人问我这个问题，我大概会说："是的，我现在很幸福。"我也深知，这个答案并不是一个静止的终点，而是一段旅程新的开始。但对于这个新的开始，我充满感激。

我有能住的房子，虽然有些老，但它很方便，还有一个能让我安静读书和写作的大大的书房！我有和睦的家庭、可爱的女儿、亲爱的朋友、那些信任我的来访者，最重要的是我有一件对我自己、对他人都很有意义的事情要去做。这件事让我对自己应该做什么、不该做什么有了判断，它让我不那么在意别人的评价，也不需要着急做成什么来证明自己。

我很幸运。生活给予我的，已经超出了我的期待。

我的生活仍在继续。有时候我也会好奇：我希望自己的故事会怎么结尾？我想起知乎上有人问过一个问题：老的感觉是什么样的？

"知友"YannF这样描述她遇到的一位老教授：

"一头银发，看不出年龄，我猜是60多。他戴着助听器，有时仍无法听清学生的发言，会道歉，请学生再说一次，侧耳认真倾听。

"他的父亲曾经有一家规模为500人的公司，在大萧条时期，生意一点一点萎缩，家里渐渐付不起庄园的地税，从卖地到卖公司的办公桌椅。

"他经历过富裕，经历过贫穷，中年时开办过公司，至今打理着慈善，失去过爱妻，重组过家庭……

"后来，他精神矍铄，两眼有光，站在讲台上，解析书中的理论，分享亲身经历。

"他眼中的光和每一个学生望向他的眼神，让我知道，经历、得失、意义终融于时光，积累为人生，它仅属于你，独一无二。"

我所期待的故事结尾，正如这位老人的，无论多老，两眼有光。我并不需要挣很多钱，取得很大的成功，我只需要在我的位置，自在而丰富。不去追求能力之外的名声，也不放弃让自己成长的机会。脚踏实地，投入地生活。在痛苦和欢笑中，体验命运给予我的一切。

结束—迷茫—重生，生活就在这样的循环中，滚滚向前。

但我希望，结束对于我，对于你，对于我们所有的人，也都是一个新的开始。祝你好运。

思考 与 实践

试一试

1. 与过去告别

如果你处在转变中，可以试着做这样的仪式：

（1）找一个夜晚，在一个安静的空间里，把灯光调暗一些，如果你想点一支蜡烛，也可以。

（2）找一个你想告别的那段时光里的某样东西。这个东西可以是一张相片、一本书，或者一个纪念品。一个能代表那段旧时光，又能触发你情感的东西。

（3）想一想，你要告别那段旧时光里的哪些东西？人物、事情、环境、身份……

（4）跟这个东西道别。你可以跟它说：

"嘿，现在我就要跟你告别了。我要慢慢转向新的生活了。"

或者其他你想说的话。

（5）用牛皮纸信封或包装袋把它包装好，收藏起来。

2. 画一条生命线

画一条从出生到现在的生命线。

出生 ——————————————→ 现在

在这条生命线上，标注你生命中发生重要转变的时间节点。

在每个时间节点写下这几个问题：

（1）那个转变发生在什么时候？

（2）它是如何结束的？又如何有了新的开始？

（3）这个转变对你的意义是什么？

（4）你是怎么经由这个转变，成为今天的自己？

3. 从90岁回想现在的你自己

现在，闭上眼睛。想象一下，你已经90岁了。你的皮肤布满了皱纹，你的头发也早已花白脱落。你躺在院子里的摇椅上晒太阳。阳光很温暖。你已经经历了人生的大起大落，安享晚年。人生的谜底，已经揭开。

现在，你想回顾自己的一生。你想起了很多年前，正做这个练习的你自己。

从90岁看来，现在的你，风华正茂。90岁的你，会怎么看你现在的生活呢?

他会觉得,你应该沿着现在的路径一直向前,还是需要有一些改变?

他会怎么看你现在的困惑呢?是非常满意、充满同情,还是有些不耐烦?

他会鼓励你冒更多的风险,还是希望你珍惜已经拥有的一切,不再经历无谓的动荡呢?

如果你已经有了答案,深吸一口气,慢慢地睁开眼睛,回到当下。

怎么样?那个90岁的你,跟现在的你说了什么吗?

? 我想问你:

(1) 假如剥离一切身份、角色、社会地位,你会怎么描述你自己?

(2) 你人生最迷茫的阶段是在什么时候?你是如何走出来的?

(3) 在什么时候,你曾强烈地渴望自己从那时的环境、角色或关系中摆脱出来?后来呢?

(4) 你在转变中经历过哪些迷茫、脆弱的时刻?你是怎么走过来的?

(5) 你觉得自己现在需要经历一些转变吗?假如要经历转

变，你最担心的事情是什么？最期待的事情又是什么？

? 你也可以问自己：

（1）回想生命中经历的最重要的转变。为什么这个转变在那时候发生了？为什么它发生在我身上？（如果你现在正经历转变，为什么是现在？）

（2）在这个转变中，我最不想结束的人或事是什么？为什么？

（3）最终，它是如何结束的，又如何迎来了新的开始？

（4）在转变的过程中，我舍弃了什么，又获得了什么？

（5）这个舍弃和获得对现在的我来说，分别意味着什么？

多年后 的 回望

看最后一章的心情是最复杂的。这一章有我很重要的人生故事，记录了我从学校辞职，在巨大的失落中开始寻找新自我的旅程。一方面，我很高兴自己把它记录下来了。太浓烈的情绪很难持久，如果没有记录，今天我恐怕已经忘了所有的细节，只记得故事的梗概。另一方面，我也很抗拒读它。我有一种成年后读初中日记的羞愧，总觉得那些强烈的失落反映的是我还不够成熟，因此没有必要。

我也很犹豫该怎么处理这一章。当然，现在我可以把它写得更好。从最初写下这些文字的2016年到现在，这7年我又取得了一些进步。我可以把这些进步填充上，来把这个转变的故事讲得更完善、更光鲜。我可以弱化我的挣扎和困惑，替换掉那些让我显得"小"的描述，从而让我显得更成熟、豁达。

可是最后我决定，我不改它。一个字都不改。因为这些文字既是我个人的故事，也是用来帮你理解转变的素材。离转变越近，转变所含的信息越真实，你也越能看清转变真实的模样。

这本书初版时，有很多正经历重要人生转变的读者告诉我，这一章对他们的帮助很大。我猜一个很重要的帮助，就是他们从我的转变故事中，看到了失落和慌乱，觉得他们自己的失落和慌乱也被理解了。我保留了这些失落和慌乱，就是想告诉你，重要的转变，从来不是一个圆满的故事。至少发生的时候它不是。圆满，那是多年以后重新整理的结果。我想把这个故事的不完美保留下来，同时保留的还有我当时讲这个故事的方式。从那里，你可以看到我走出失落的努力、为自己创造意义的挣扎和"想告诉所有人我已经走出来了，却又怀疑自己是不是真的做到了"的犹疑。

在转变期，你需要为自己讲一个故事，来帮助自我完成转变。我不想掩饰和修改故事原来的版本，是因为我相信，你也会面临故事不够圆满的难题。所以，现在，我不仅不修改它，还要把这个故事的破绽讲给你听。

这个故事的破绽之一，是我可能夸大了做出这个选择的英勇程度。正如我所描述的，离开学校并非计划中的产物，多少有点负气出走的冲动。如果按原来的计划，我应该是会等分好房子再走——可能就一直都不会走了。

现在我知道了，并不是所有的转变都是理性计划的产物。转变经常是包含冲动的。甚至很多转变，是从逃跑开始的。逃跑算不上英勇，可是它也有用。

很多人会想，是不是因为我的转变是从冲动开始的，所以我做了错误的选择？我不这么觉得。在转变期，有时候冲动是一种美德。在人们习惯缓解矛盾，维持现状的时候，转变中的冲动以扩大矛盾、加剧冲突的方式，来帮你完成艰难的脱离。

和其他的转变相比，我的转变有艰难的地方，也有容易的地方。艰难的地方，是因为我所放弃的东西实在太巨大。如果不是利用那种冲动，我很难完成脱离。可是也因为那种冲动，我很难消化它。容易的地方，是因为我一直在为自己找一条后路。从浙大离开之后，我又去一个高校短暂停留了一段时间。对后来去的学校，我一直抱有歉意。我并没有真心想留在那里，而是把那里当作一个过渡期的容器，在培育新自我的同时，又不需要为自己的生计发愁。其实那跟生计无关，跟我的恐惧有关。我需要一个这样的容器，来积累我的安全感。

我想用这个破绽告诉你，在转变期有恐惧很正常。也许现在看起来这些恐惧不算什么，可是对身处转变中的人，每向前一步，所面临的恐惧都很真实。并不是你有这些恐惧，你就不够勇敢，相反，正是这些恐惧衬托了你的勇敢。如果你也能找到一个容器来培育新自我，用它。也并不是你冲动了或者退缩了，就走了弯路。转变没有弯路，重要的是按你自己的节奏往前走。

这个故事的破绽之二，是我和浙大的关系。现在我理解了，当时的那种失落是什么。除了失去，那是一种被放逐的感觉。无论是主动离开，还是被动离开，那个你向往的光荣部落已经不属于你了。可你还是千方百计地想要跟它联系在一起。转变就是这样，你离开了一个曾经保护你的部落，孤身一人来到荒野，重新寻找新的部落。你想告诉别人，你曾经是那个光荣部落的一分子。可是在别人看来，你不过就是一个流浪汉。

我现在也有些怀疑，我总说自己当年在浙大开了一门口碑还不错的课，是不是有些夸大。当然它还不错，但也只是一门不错的课而已。谈不上对学生有多大影响，其实也没有那么好——至少没有我后面做的课好。我说起它，更多反映的是那时候我想要通过强调跟这个学校的联系，来往自己脸上贴金。

那时候我还需要这些，脸皮又薄，经常为此羞愧。现在不需要了，反而放下了。我原来的那种做法，算是蹭学校的名声吗？也许算吧。可是那是我的经历，我并没有虚构它。现在每次遇到有人批评某个学生蹭学校的牌子，败坏了学校的名声，我就会觉得，学校应该高兴才对。他们应该这样想，哎呀妈呀，谢天谢地，我总算为学生做了一点好事！要不然呢？

在转变期，当一个人脱离一个组织时，他很容易仰视它。这是放逐感的来源。等你的自我慢慢长大了，你就会获得一种更平等的态度。比如说母校吧，如果它以你为荣，那你也可以以它为荣，挺好。从神话的角度看，一些著名高校代表着神圣部落，这种神圣性是无数优秀的校友的传奇共同缔造的。可万一母校对你不以为意，或者不幸以你为耻了，那你最好也能以它为耻。其实学校不会以你为耻，以你为耻的是学校里的一些人。他们功利而不自知，最喜欢宣扬和成功校友的联系，而恨不得抹去不那么成功的校友的痕迹。你当然有理由以它为耻。

我想通过这个破绽告诉你，在转变期，利用所有你能利用的资源。不要在意别人的目光，尤其是那些看不起你的人的目光，哪怕他们看起来更强，听起来更正确，代表更多的人。有些时候，你在意的不是别人的目光，而是你想象中的别人的目光，那也没关系。你看自己的目光，也可以改变。自我转变是你要走的路，你走得好不好跟别人无关，只有你能走好它。

这个故事的破绽之三，是我太想给自己一个已经走出来的光明结尾，以至于当时那个结尾，看起来有点"小"了。比如文中我说的当时几千人参加的自我转变主题的知乎Live，这跟后来我在得到App开设的，有近20万人参加的"自我发展心理学"课程，和以此为蓝本并销售了近50万册的《了不起的我》相比，实在不算什么。我知道当时为什么这么讲，我需要有一个看起来成功一点的情节，来告诉自己，我已经找到了这段经历的意义，也让它变成了我人生重要的资源。我没想到，更站得住脚的情节，还需要我再稍等几年。

这其实算不上破绽。那时候一点点小小的进步，我也愿意赋予它深刻的意义。我需要牢牢地抓住它，来告诉自己，我已经走出来了，有了一个新的开始。

我为什么要分享这个故事的破绽？不是为了显示我的坦诚。我只是想通过我的例子，跟你分享转变期的某种心理规律。在转变期，我们都会努力为自己构建一个故事，来理解转变的意义，为自己寻找出路，来克服迷茫和焦虑。这是对的。不用执着于转变故事的圆满。不要因为担心自己的故事不够圆满，而害怕讲它。不要害怕故事的破绽。情节会被补上，破绽会被修复。故事是讲着讲着，才逐渐平顺和完整的。

我曾遇到一个来访者，遭遇了职场的PUA（玩弄对方感情的人）。她的老板既保护她，又控制她，让她很不适。

　　她鼓起勇气脱离了这段关系，却总后悔自己是不是因为一时冲动而错过了职场的重要机会。所以有一次，她实在没忍住，又去找前老板，问能否回去。前老板非常简单粗暴地拒绝了她，并痛斥她利用了自己。那时候，她痛苦极了。她的痛苦不仅在于前老板的拒绝，还在于她因为去找他而失去了一个故事。原来的时候，就算再痛苦，她可以跟自己说，这是一个通过英勇反抗前老板，来摆脱一段不适合的关系的故事。而现在，它变成了一个软弱的自己做出冲动决定，后悔了却又被抛弃，再也回不去的故事。

　　我问她："你想过前老板会拒绝吗？"她说："当然，以我对他的了解，他一定会。"

　　我说："在我眼里，那仍然是一个英勇反抗的故事。从你决定离开前老板，它就是这样的故事了。你去找前老板，只是不想再后悔、纠结，通过让自己碰壁，来断了自己的念想。"

　　谁说不是呢？转变是很艰难的，它充满了混乱、反复、纠结，没有干脆利落的离开，也就没有容易的走出来。如果有这样一个故事能帮你完成转变，讲那个故事。讲那个对你有利的故事，而不是让你无力的故事。

　　现在回想我自己当初讲的故事，我更清晰地看到了这一点。即使有这么多破绽，我仍然觉得，它是一个传奇。我惊叹自己当时的勇气，也赞叹人生的神奇。当我离开部落去远方寻找自己，慢慢成为自己想要成为的样子，我更理解了转变的历程和它的意义。它也深刻地影响了我所做的事情。我做了一个关于自我转变的训练营，来帮助人们实现自我的转变。不久的将来，我还会专门写一本关于转变的书，把我所知道的关于转变的知识和故事，讲给你听。

但我对转变的艰难仍心有余悸。每次听到学员讲他们要离开原有的工作和关系，去寻找新自我，我都会惊一下。尤其当他们讲，他们走上这条路，是受了我的影响。因知其艰难，我更会慎重。我会问他们，转变真的是一条走得通的路吗？有没有别的路可走？是真的到了需要转变的时候了吗？我也会问自己，当我要把转变的规律教给别人的时候，我的道路所印证的究竟是普遍规律，还只是因为我自己运气不错，获得了一些重要的机会？万一我混得不好，会不会对当初的决定又有不同的看法？

当我这么问自己的时候，我知道了答案。我心里相信，它绝对不只是因为运气。我所归纳的道路，就是普遍规律，因为我从自己的成长、学员的反馈和很多人的成长轨迹中，不停地看到它。

最后，也许最不重要的，是我后来又买了一个新房子。比原来学校的更好、更大，很巧的是也在学校旁边。这不是有意为之的补偿，实在是因为我爱人喜欢的一个楼盘恰好就在那儿。这种巧合作为现实并不重要。但作为隐喻，它又很重要。它告诉我，你曾经失去的东西，会从别处得到。你会得到的比失去的更多，那是这条自我转变之路给你的嘉奖。

同样重要的还有故事。现在，我又为你讲了一个新故事。现在，这个新故事又有了一些新的情节。但它也远远没有结束，有的只是不断展现的新的开始。祝你找到属于你的人生故事。